Günther Mohr

Workbook Coaching und Organisationsentwicklung

EHP - PRAXIS

Hg. Andreas Kohlhage

Der Autor:

Günther Mohr (Jg. 1956) integriert als Volkswirt und Psychologe in seiner Arbeit zwei wesentliche Aspekte des Wirtschafts- und Organisationslebens: die ökonomischen Ziele und Notwendigkeiten sowie die persönliche und die Beziehungsperspektive. Auf der Basis von 25 Jahren Praxiserfahrung als Coach und Organisationsberater in den verschiedensten Organisationen unterstützt er Manager und Führungskräfte in ihrer beruflichen wie persönlichen Entwicklung.

Als Senior Coach im Deutschen Bundesverband Coaching (DBVC) und durch seine Vorstandstätigkeit in der International Transactional Analysis Association (ITAA) wirkt er an der Weiterentwicklung von Standards und Zertifizierungen für gutes Coaching mit. Im Rahmen seiner Lehrberechtigung als Transaktionsanalytiker im Berufsfeld Organisation bildet er zudem Coaches, Berater und Organisationsentwickler aus. Autor von deutsch- und englischsprachiger Fachliteratur: *Lebendige Unternehmen führen* (2000), *Systemische Organisationsanalyse* (2006), *Growth and Change for Organizations* (2006), *Wirtschaftskrise und neue Orientierung* (2009); der vorliegende Band ergänzt sein Buch *Coaching und Selbstcoaching* (2008).

Günther Mohr

Workbook Coaching und Organisationsentwicklung

EHP
– 2010 –

www.ehp.biz

Bibliografische Information der Deutschen Bibliothek
Die Deutsche Bibliothek verzeichnet diese Publikation in der Deutschen Nationalbibliografie; detaillierte Daten sind im Internet über http://dnb.ddb.de abrufbar.

Redaktion: Benjamin Uhl, Sabine Hedewig-Mohr

Umschlagentwurf: Uwe Giese

Satz: MarktTransparenz Uwe Giese, Berlin

Gedruckt in der EU

ISBN 978-3-89797-099-1

Inhalt

Vorwort

»Du musst dein Leben ändern« ist die zentrale Aufforderung vieler psychologischer, philosophischer und spiritueller Lehrer, so auch Peter Sloterdijks (mit seinem gleichnamigen Buch, 2009). Wie geht das und welche Bereiche betrifft das konkret? »Mit sich selbst befreundet sein« empfiehlt Wilhelm Schmid (2007). Aber wie kommt man auf diesem Weg voran und was heißt das für den Einzelnen oder sogar für Organisationen? Einige Grundideen der Transaktionsanalyse sind dabei zurzeit in aller Munde, wie die Vorstellung vom Ich. »Wer bin ich und wenn ja, wie viele?« fragt Robert David Precht (2007) in seinem Beststeller.

Mit dem »Workbook Coaching und Organisationsentwicklung« möchte ich meine beiden methodischen Bücher »Coaching und Selbstcoaching mit Transaktionsanalyse« (2008) und »Systemische Organisationsanalyse« (2006) ergänzen und dem Leser dazu praktische Vorgehensweisen und Anwendungsbeispiele vorschlagen. Man kann das Workbook für Fragestellungen im Coaching, im Training, in der Organisationsentwicklung und auch für sich selbst nutzen. Die Übungen und Charts, die ich hier zusammengetragen habe, wurden in vielen Seminaren, Gruppen und Coachings verwendet und ständig optimiert. Systemische Transaktionsanalyse und systemische Organisationsanalyse sind lebendige Methoden, die Erfahrung, Überprüfung und Entwicklung mitbringen. Daher sollen die Übungen in dem Buch Sie auch dazu inspirieren, die Übungsvorschläge und Ideen im Sinne Ihres eigenen kreativen Ansatzes selbst weiterzuentwickeln.

Die systemische Transaktionsanalyse ist eine ideale Kernmethode für professionelles Arbeiten in Organisationen, weil sie zu den sechs Grundfragen der Professionalität, nämlich Menschenbild, Persönlichkeit, Beziehung, Kontextbezug, Veränderung und Methodik ein gutes Rüstzeug bietet. Gleichzeitig ist sie von ihrem Kern aus hervorragend durch andere methodische Ansätze wie Verhaltenstraining, Einbeziehung unbewusster und tiefenpsychologischer Prozesse sowie auch alle Systemansätze zu ergänzen. Entlang dieser sechs Grundfragen stelle ich im ersten Teil die Übungen und Charts vor.

Der zweite Teil des Buches bezieht sich auf die Konzeption »Systemische Organisationsanalyse«. Mit diesem Ansatz habe ich die gesamte Organisation oder größere Teilbereiche von ihr als »Klient« im Visier. Dieses umfassende Konzept zur Analyse und Veränderungsgestaltung auf Systemebene wurde vielfach zum Einsatz gebracht und die unterschiedlichsten Organisationen wurden damit durchleuchtet. Dies beinhaltet auch einen Fragebogen zu dieser Arbeit.

Ich sehe das Workbook in der guten Tradition der Arbeitsbücher von Rolf Rüttinger und Reinhard Kruppa (1988), Manfred Gührs und Claus Nowak (2003), Dieter Gerhold (2005), Werner Vogelauer (2005), Ute und Heinrich Hagehülsmann (1998) und Jutta Kreyenberg (2004 und 2008), um hier nur einige zu nennen, die wie viele andere die Transaktionsanalyse gerade in der praktischen Dimension sehr bereichert haben. Ein besonderes Werk zur Transaktionsanalyse ist für mich auch hier erwähnenswert, das Lehrbuch von Gudrun Hennig und Georg Pelz (1997).

Gleichzeitig steht der zweite Teil des Workbooks neben dem transaktionsanalytischen Fundament auf dem Hintergrund der systemisch-organisationstheoretischen Ansätze von Peter Senge, Stafford Beer, Niklas Luhmann, Fritz Simon, Gunther Schmidt und Bernd Schmid, ohne die mein Konzept der Systemischen Organisationsanalyse nicht denkbar wäre. Ein Workbook kann auch nicht alles abbilden, aber es ermöglicht praktische Anregungen zu wesentlichen Konzepten. Oder man kann auch kleinere, punktuelle innere Reisen damit machen. Wer mehr über Transaktionsanalyse in Deutschland erfahren will oder einen Transaktionsanalytiker für sich sucht, sei hier schon auf die Deutsche Gesellschaft für Transaktionsanalyse (www.dgta.de) aufmerksam gemacht.

Allen Lesern und Anwendern wünsche ich eine gute Arbeit.

Günther Mohr, August 2009

Praktisches Lernen und Vorbereitung

Das Workbook stellt praktische Fragerichtungen zu zentralen Themen der systemischen Transaktionsanalyse und der Systemischen Organisationsanalyse dar. Wer in Gruppen mit Übungen arbeitet, sollte seine eigene kreative Vorgehensweise und Ausführung dazu wählen, um möglichst breit alle Wahrnehmungssysteme anzusprechen. Dies bedeutet, visuelle, auditive und kinästethische (körperfühlige) Systeme zu adressieren. Man kann mit Bildern, Worten und Bewegungen, vielleicht sogar mit Klängen arbeiten. Beispielsweise kann man Verhalten in Bildern oder Karikaturen darstellen, man kann Leitsätze oder Denk-Reflexionen dazu anstellen oder man kann sie probeweise in Bewegungen ausführen lassen. Wenn man etwa mit einer größeren Gruppe arbeitet, sind unterschiedliche Genres zu verwenden, damit die Menschen sich einerseits nach eigener Lust zuordnen können und andererseits in der Vielfalt ihren Zugang zu einem Thema erkennen. Will man etwa unterschiedliche Konfliktstile in einem Unternehmen erforschen, könnte das nebeneinander ein gemaltes Bild, eine vorgetragene Reportage und eine gespielte Szene bedeuten.

Übungen zu Inhalten brauchen immer Vorbereitung. Der Übende muss in eine gute Haltung und Einstellung gebracht werden, sonst fruchtet der beste Inhalt nicht. Mit der Tür ins Haus fallen, empfiehlt sich in den seltensten Fällen. Obwohl die direkte, deutliche Ansprache eines Themas von vielen Rhetoriktrainern gelehrt wird, ist diese »typisch deutsche« Art für viele Menschen in der Welt nicht nachzuvollziehen. Gerade in meiner langjährigen Erfahrung in internationalen Gremien und Gruppen musste ich zu Beginn viel Lehrgeld bezahlen. »Germans are open, direct and rough« (Deutsche sind offen, direkt und rau) war die verhaltene Reaktion vieler Gesprächspartner.

Auch der Hypnotherapeut Bernhard Trenkle rät für den praktischen Einsatz ein ausführliches Hinarbeiten auf Übungen und Interventionen. Man soll zunächst »eine Bühne bauen« (Trenkle 2003). Wer einmal beim Dalai Lama in einem Vortrag war, konnte diese Technik ebenfalls erleben. Der in aller Welt bekannte tibetische Religionsführer und Friedensnobelpreisträger versucht zu Beginn jedes Vortrages ausführlich das Bild von sich zurechtzurücken. Er räumt erst einmal alle positiven Vorurteile aus, etwa er könne heilen, oder er sei in irgendeiner Weise etwas Besonderes. Denn auch positive Vorurteile können durchaus vom Lernen und von der Erkenntnis ablenken.

Zusätzlich macht es Sinn, die unterschiedlichen Aufmerksamkeitsebenen, mit denen Menschen sich auf die Welt beziehen zu berücksichtigen.

Dazu können als Orientierung die sechs Bewusstseinsebenen dienen: körperliches, emotionales, rationales, selbstbildbezogenes, mehrgenerationales und nonduales Bewusstsein (Mohr 2009b). Gutes Lernen findet in einer Kombination aller dieser Aufmerksamkeitsebenen statt. Grundlegend zielt transaktionsanalytische Arbeit auf Erkenntnisgewinn und mehr Bewusstheit ab. Transaktionsanalytiker haben nichts dagegen, wenn Symptome von selber oder beiläufig verschwinden, im Gegenteil: Sie freuen sich dann mit ihren Klienten. Leitmotiv der Transaktionsanalyse bleibt aber der sich selbst steuernde Mensch. Dazu ist Erkenntnis und Bewusstheit notwendig. Insofern sind die Übungen auch auf Erkenntnisgewinn gerichtet. Dies ist nicht nur ein Denkprozess, Erkenntnis ist ein ganzheitlicher Prozess aus Einstellung, Fühlen und Verhalten. Weiterhin ist auch das Lernen von Transaktionsanalyse mit einer nichtakademischen Sprache und auch ohne eine erst zu erlernende Fachsprache möglich. Dies macht die folgende Charakterisierung zum Lernen von Verhalten deutlich.

Grafik: Lernen von Verhalten

1. oft kein einfaches richtig oder falsch
2. situations- und wesensgemäß
3. »aus dem eigenen Mist«
4. »keine Sonntagsanzüge«
5. »neues Land gewinnen«
6. braucht Wissen/Erkenntnis
7. ereignisgesteuert oder unbewusst
8. abhängig von innerer Haltung
9. erfordert Offenheit
10. im vertraulichen Rahmen

Steuerung mit Modellen

Die Transaktionsanalyse wurde in einer großen internationalen methodenvergleichenden Studie von Klienten als außerordentlich nützlich eingeschätzt (Novey 2002). Praktisch finden transaktionsanalytische und systemische Modelle auf drei Ebenen der beraterischen Arbeit Eingang:

- *Ebene des Tuns in Coaching, Beratung und Organisationsentwicklung*: Normalerweise wird in der Beratung nicht »Transaktionsanalyse gesprochen«. Aber der Berater versucht eine O.k.-o.k.-Beziehung zu leben, wertet nicht ab, berücksichtigt die Grundbedürfnisse des Gesprächspartners und gewährleistet Schutz, Erlaubnis und Energie in seiner Arbeit mit dem Klienten. Transaktionsanalyse wird also gelebt. Dies geschieht im Gespräch und Tun des Beraters und wird in der Regel nicht gesondert mit Begriffen der Transaktionsanalyse etikettiert. Hinzu kommt allerdings, dass transaktionsanalytische Modelle hervorragende Illustrationen bei Interventionen sind. Der Erfinder der Transaktionsanalyse, Eric Berne, hat die Bedeutung der Interventionstechnik »Illustration« hervorgehoben (Berne 1966, 237; Mohr 2008). Zudem war Berne auch ein Meister der Begriffsfindung. Unter Marketinggesichtspunkten sind »Ich-Zustand«, »Psychologische Spiele«, »Rackets« und »Ich-bin-ok-du-bist-ok« hervorragend geeignet. Transaktionsanalyse-Modelle werden in diesem Sinne manchmal als Veranschaulichung genutzt. Diese Ebene ist für jeden Gesprächspartner wahrnehmbar. Die sichtbaren Modelle sind dabei so zu wählen, dass sie für den Beratenen auch in seinem Anwendungsfeld weiter nutzbar sind. Beispielsweise wird der Coach einem Gegenüber zur Veranschaulichung einer Konfliktssituation das Drama-Dreieck nutzen.

- *Ebene der Beobachtung des Tuns:* Der transaktionsanalytische Praktiker schaut auf sein Tun. Diese Aufmerksamkeit ist durch seine Modelle über die menschliche Psyche und das Zusammenwirken von Menschen geprägt. Er diagnostiziert beispielsweise eine Abwertung (Schiff et al. 1975) oder steuert sich mithilfe seiner sozialen Diagnose (Berne 1979, 197), um daraus Interventionsideen abzuleiten. Diese Ebene ist für den Beratenen in der Regel nicht sichtbar. Ausnahmen davon sind Interventionen, in denen der Berater den Beratenen quasi zum Co-Berater einlädt und ihn beispielsweise fragt, wie er eine gerade in der Beratung vorgekommene Sequenz in TA beschreiben würde. Dies ist allerdings nur bei Personen möglich, die schon in transaktionsanalytischen Konzepten erfahren sind.

• *Ebene der Beobachtung der Beobachtung:* Der Berater überprüft seine Beobachtungsgewohnheiten. Der Berater ist selbst das »Instrument«, das wirksam ist. Deshalb sind die Selbststeuerungsprogramme dieses »Instrumentes« ständig zu reflektieren. Dies bedeutet für den Transaktionsanalytiker, seine Arbeit stetig durch Supervision bezüglich der Qualität und der Effektivität begutachten zu lassen. Auch diese Ebene ist für den Beratenen nicht sichtbar. Er darf allerdings um sie wissen, damit er den transaktionsanalytischen Berater als Modell für gelebtes Lernen sehen kann.

Es ist wie mit den drei übereinander fliegenden Schwänen. Der erste fliegt. Der zweite fliegt und beobachtet dabei den ersten, wie dieser fliegt. Der dritte fliegt und beobachtet dabei den zweiten beim Beobachten des ersten. Bernd Schmid, der maßgeblich die systemische Transaktionsanalyse beeinflusst hat, hat diesen Zusammenhang im Logo seines Instituts für systemische Beratung, Wiesloch, dargestellt.

Formen der Übung

Was den interaktiven Aspekt anbelangt, so gibt es sehr unterschiedliche Formen der Übung. Gerade für Coaching oder Organisationsentwicklung empfiehlt es sich, die Übungsformen so zu wählen, dass eine gewisse Modellierung des erzielten Kompetenzfeldes erreicht wird. So ist im Coaching eine dyadische (Zweiergruppen-) Form häufig zu nutzen, auch wenn man Selbstreflexion anstrebt, da so die Erfahrung des Fragenden und des zu einem Thema Befragten immer mit trainiert werden kann. Für Organisationsentwicklung bieten sich eher auch Mehrpersonenkonstellationen mit bestimmten Rollenverteilungen (z.B. Consultant, Auftraggeber, Klientensystem) an. Insgesamt ergibt sich für die praktische Übungsgestaltung ein weites Spektrum, aus dem einige Beispiele genannt werden:

- **Einzelarbeit**: Reflektionsübungen zur eigenen Person oder Rolle.
- **Partnerübungen**: Dyaden, z.B. strukturierte Übungen mit Coach- und Coachee-Rolle.
- **Marktplatz** mit wechselnden Dyaden: Bearbeitung einer Reihe von Themen nacheinander mit jeweils unterschiedlichem Partner.
- **Triaden**: Dreierkonstellationen beispielsweise mit Übendem, Klienten und Beobachter.
- **Kleingruppen**: Teilgruppen der Gesamtgruppe, z.B. auch kollegiale Beratung.
- **Plenum**: Themenbearbeitung in einer Gesamtgruppe, z.B. Blitzlicht, Runde, Plenum mit Beobachtungsaufgaben.
- **Fish-Bowl**: Ein stellvertretendes Besprechen eines Themas durch eine Teilgruppe in der Mitte der anderen Teilnehmer.
- **Reflecting Team:** Die Reflektion eines Thema, die Entwicklung von Hypothesen durch eine Teilgruppe.
- **Rollensimulation:** Das stellvertretende Hineinfinden und Agieren bestimmter Rollenfiguren.
- **Rollenaufstellungen:** Das Positionieren in bestimmte Rollen oder die Verkörperung von Themen eines Systems in einer räumlichen Anordnung sowie der Vollzug eigendynamischer Bewegungsimpulse der Rollen.

- **Lernpartnerschaften:** Gegenseitige Begleitung des Lernens über die Präsenzmaßnahme hinaus.
- **Lernprojekte:** Vereinbarte Lern- und Anwendungsbeispiele.

Das Workbook überlässt es der Kreativität des Nutzers, die Übungen für diese unterschiedlichen Genres den jeweiligen Bedürfnissen anzupassen.

Teil I COACHING UND PERSONENQUALIFIZIERUNG

Integrierte Professionalität als Ziel

Die Zielsetzung für Personenqualifizierung, beispielsweise im Coaching und auch für Führungskräfteentwicklung ist eine integrierte Professionalität. Das Handeln aus der integrierten Professionalität heraus verlangt Aufmerksamkeit und professionelles Handeln auf mehreren Ebenen:

- Menschenbild und Organisationsverständnis
- Persönlichkeit und Unterschiedlichkeit
- Beziehung und Kommunikation
- Entwicklung und Veränderung
- Kontext- und Systembezug
- typische Professionsmethoden

Diese sechs Dimensionen eröffnen die Möglichkeit, einzelne Perspektiven des beruflichen Handelns zu verbessern. Im Folgenden werden zentrale Konzepte der Transaktionsanalyse unter systemischer Perspektive betrachtet.

Grafik: Integrierte persönliche Professionalität

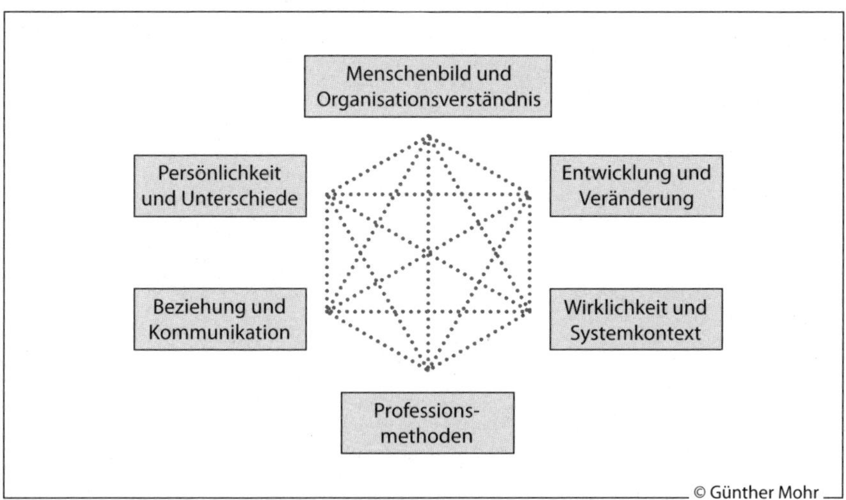

1. Menschenbild

Aspekte des Menschenbildes

Ein tragfähiges Menschenbild ist die ethische und praktische Basis jedes professionellen Verfahrens. In der systemischen Transaktionsanalyse wird dies explizit diskutiert und es verlangt vom Transaktionsanalytiker nicht nur Wissen, sondern verinnerlichtes Wissen, das man in Erleben und Verhalten umsetzen kann. Das Menschenbild muss die Realität der Welt abbilden und es muss Fortschritte ermöglichen. Ich sehe für die moderne Transaktionsanalyse drei Aspekte als wesentlich an.

Charakteristika Transaktionsanalyse

Transaktionsaktionsanalyse ist:

- entwicklungsoptimistisch
- realistisch
- systemisch

Grafik: Aspekte des Menschenbildes

- **Realistisch:** Menschen verhalten sich so, dass sie ihr eigenes »Einstellungs-System« stabilisieren. Dies ist ein subjektiv positives Motiv und deshalb erst einmal anzuerkennen. In seiner Wirkung kann dies je nach Kriterium positiv oder negativ sein.
- **Entwicklungsoptimistisch:** Menschen haben die Fähigkeit, bewusst ihre Situation zu betrachten und Änderungen zu bewirken.
- **Systemisch:** Jeder Mensch ist in verschiedene Kontexte eingebunden und konstruiert seine Wirklichkeit aufgrund seiner aktuellen und früheren Kontexterfahrungen.

Die zentrale Klassifizierung des Entwicklungsoptimistischen bedeutet, dass die Orientierung und Grundhaltung darauf gerichtet ist, dass ein Mensch sich ent-

wickeln kann, denken kann, Neues entscheiden und psychisch wachsen kann. Dies korrespondiert sehr mit den Erfolgen der positiven Psychologie in den letzten Jahren (Napper 2009). Realistisch meint in dem Zusammenhang, dass das Leben in seiner ganzen Breite angenommen wird. Es gibt keinen pauschal positivierenden Blick. Betrachtet wird auch negativ wirkendes Verhalten, sei es beispielsweise schädigendes oder gar kriminelles Verhalten unter Kollegen, wie es leider auch in Organisationen immer wieder vorkommt. Dies wird im Coaching gesehen, thematisiert und konfrontiert. Dennoch existiert in dem Zusammenhang die Grundidee – und diese führt zum dritten, dem systemischen Aspekt – dass Menschen immer miteinander in Beziehung stehen und gleichzeitig aufgrund ihrer jeweiligen Lebenserfahrung mit einem eigenen Erfahrungshintergrund antreten. Allein schon die gegenseitige Vernetzung und wechselseitige Abhängigkeit der Menschen untereinander – keiner kann ohne andere existieren – lässt als einzige langfristige Maxime auf der Grundebene der persönlichen Begegnung eine gegenseitig kooperative, positive Haltung erforderlich erscheinen.
Menschen, die in Beratung, Coaching und Consulting arbeiten, brauchen zusätzlich eine nützliche Vorstellung von Organisationen, ein tragfähiges Organisationsverständnis: Wofür sind Unternehmen und andere Organisationen überhaupt da? Was ist der Einzelne im Unternehmen? Je weniger die Vorstellung hier einseitig ist, desto eher wird eine gute Anpassung an die Realitäten gelingen. Das Grundwissen über Organisationen wird allgemein in der Gesellschaft als gering eingeschätzt (Buchinger 1999), obwohl Menschen zunehmend und mittlerweile schon als Kleinkinder in Organisationen kommen (Krabbelgruppe, Kindergarten). Das Bild über Organisationen wird im zweiten Teil des Buches ausführlich beschrieben. Organisationen haben eine nützliche Funktion. Sie entstehen immer dann, wenn Leute sich zusammenschließen, um ein größeres Ziel zu erreichen, als sie es alleine erreichen könnten. Dies muss kein höheres Ziel sein. Es kann ganz profan sein, indem es Ressourcen für das Überleben erwirtschaften lässt. Menschen haben die Fähigkeit, sich zu Gemeinschaften zusammenschließen und sich entsprechende Strukturen zu geben, um das zu erreichen, was sie alleine nicht vermögen. Man kann aus der Gemeinschaftsorientierung des Menschen sogar ableiten, dass Menschen sich gerne zusammenschließen.

Übungen mit den Aspekten des Menschenbildes sind in Gruppen gut zur Einstimmung in ein Thema geeignet. Dabei muss es nicht immer ein kompliziertes Setting sein. Bitten Sie zum Beispiel die Teilnehmer sich über ihr eigenes Menschenbild Gedanken zu machen.

ÜBUNG: Mein Menschenbild I

Betrachten Sie einmal Ihr Menschenbild bezüglich der drei postulierten Aspekte:

- Was bedeutet für Sie entwicklungsoptimistisch sein?
- Wie sind Sie realistisch?
- Wie berücksichtigen Sie »das Systemische«?

ÜBUNG: Mein Menschenbild II

Ein methodisches Genre, das leicht in Vergessenheit gerät, ist die Diskussion. In der Diskussion werden unterschiedliche Standpunkte gegeneinander gestellt und der Gehalt einer Behauptung wird geprüft. Genau das lässt sich mit den Postulaten des modernen systemisch-transaktionsanalytischen Menschenbildes in guter Weise bearbeiten. Insbesondere die Frage des grundlegend positiven Menschenbildes kann ein guter Ausgangspunkt für Auseinandersetzungen sein. Er stimmt nicht immer mit der subjektiven Lebenserfahrung einzelner Menschen überein. Eine Diskussion bietet die Chance zu einem fruchtbaren Lernprozess.

ÜBUNG: Das Menschenbild in einer Organisation – World Café

In jeder Organisation wird ein bestimmtes Menschenbild gelebt. Betrachten Sie einmal eine Organisation (ihre eigene; eine, die sie interessiert) bezüglich der drei postulierten Aspekte des Menschenbildes:

- Was bedeutet in der Organisation entwicklungsoptimistisch?
- Wie ist diese Organisation realistisch?
- Wie wird das Systemische in der Organisation berücksichtigt?

Im World Café werden nun für jede dieser Fragen einzelne Tische mit entsprechender angenehmer Kaffeehausatmosphäre vorbereitet. Die Teilnehmer der Übung wechseln nach einer bestimmten Zeit der Bearbeitung eine Fragestellung und den diesbezüglichen Tisch. Alle Ergebnisse werden an den Tischen (auch auf den Papiertischdecken) protokolliert und zu einem Gesamtergebnis zusammengetragen. Mehr zum World Café und anderen Großgruppenmethoden bei www.all-in-one-spirit.de.

Versorgung mit Grundbedürfnissen

Grundlegend für das Menschenbild der systemischen Transaktionsanalyse sind drei Grundbedürfnisse, wie sie der Begründer der Transaktionsanalyse, Eric Berne, schon postuliert hatte.

Grafik: Grundbedürfnisse (nach Eric Berne)

Jeder Mensch hat bestimmte **Grundlebensbedürfnisse**, die er schon mit auf die Welt gebracht hat. Berne nennt sie *»hungers«*.

- das Bedürfnis nach **Zuwendung**
  (Gemeinschaftsgefühl, Kontakt, Anerkennung, Teamerfahrung)
- das Bedürfnis nach **Reizen**
  (Stimulierung, Gefühle, Überraschung, Sinn)
- das Bedürfnis nach **(Zeit-)Struktur**
  (wiederkehrende Muster, Wechsel, Konstanz, innere und äußere Impulsgeber)

nach Eric Berne

ÜBUNG: Grundbedürfnisse

Anhand eines Fragebogens können sich die Gruppenteilnehmer über ihre Grundbedürfnisse und deren Befriedigung im Arbeitsalltag Gedanken machen.

»Wie sorge ich für mich in meiner Arbeit« (Selbstbefragung) [oder »Wie sorgst du (Befragung einer anderen Person) in deiner Arbeit] für …«]

- Anerkennung:

  ……………………………………………………………………………………

- Stimulation (bei Erwachsenen insbesondere als »Sinn in Handeln und Erleben«):

  ……………………………………………………………………………………

- (Zeit-) Struktur:

  ……………………………………………………………………………………

Die Triebkräfte

Gleiches kann man für die Situation der eigenen so genannten Triebkräfte, die Fanita English postuliert (English 2004), befragen:

Grafik: Triebkräfte (nach Fanita English)

Jeder Mensch hat bestimmte **Triebkräfte**, die er schon mit auf die Welt gebracht hat. Fanita English nennt

- den **Überlebenstrieb**: das Bestreben zu überleben und dies auch seinen Nachkommen zu gewährleisten
- den **Ausdruckstrieb**: gestaltend mit seiner eigenen Person in der Welt Einfluss zu nehmen
- den **Ruhetrieb**: eine Balance zwischen Aktivität und Ausruhen bzw. Erholen zu finden

nach Fanita English

ÜBUNG: Triebkräfte

In dieser Übung kann sich der Einzelne / die Gruppe über ihre eigenen Triebkräfte in ihrem bisherigen Leben Gedanken machen. Man fragt die Gruppenteilnehmer:

- Welche Erfahrungen haben Sie mit den drei Triebkräften bisher gemacht?

  ....

- Welchen Stellenwert haben diese momentan für Sie?

  ....

Motivation in Veränderungsprozessen

Die folgende Tabelle zeigt wie beide Konzepte (Bedürfnisse und Triebkräfte) kombiniert in einem Entwicklungsprozess genutzt werden können. Eric Berne nennt dabei in den Grundlagen der Gruppenbehandlung (Berne 2005, 204) sogar vier Bedürfnisse (B1-4), hier ergänzt um die drei Triebkräfte (E1-3).

ÜBUNG: Motivation in Veränderungsprozessen

Die Fragestellung ist hier: Worauf muss man bezüglich eines bestimmten motivationalen Aspektes aufpassen und was kann man gegebenenfalls zur »Bedienung« dieses »Motivationsaspektes« tun? Dieser Fragebogen kann als Grundlage für eine Übung dienen. Ein Beispiel für eine Motivationsanalyse in einem Veränderungsprozess steht im Kapitel zur Systemischen Organisationsanalyse.

Motivationaler Aspekt	Aufpassen auf …	Zu tun …
B1: Das Bedürfnis nach Stimulus		
B2: Das Bedürfnis nach Anerkennung		
B3: Das Bedürfnis nach Struktur		
B4: Das Bedürfnis nach Führung		
E1: Die Überlebens-triebskraft		
E2: Die Ausdrucks-triebskraft		
E3: Die Ruhetriebskraft		

Wertschätzende Befragung

Die wertschätzende Befragung, die ursprünglich von Cooperrider und Srivasta (1987) entwickelt wurde, stellt eine hervorragende Möglichkeit dar, das entwicklungsorientierte und ressourcenorientierte Menschenbild der Transaktionsanalyse erlebbar zu machen. In die Transaktionsanalyse wurde dieses Verfahren besonders durch den Unternehmensberater, Trainer und Coach Dr. Gerd Vito Kamphaus eingeführt.

ÜBUNG: Wertschätzende Befragung für den Aspekt »Lösungen«

Jetzt befragen Sie Ihren Gesprächspartner nach Erfahrungssituationen. Dabei interessieren Sie sich einmal ausschließlich für die positive, ressourcenorientierte Seite. Sie können den folgenden Text und die Fragen als Anhaltspunkte nutzen. Lassen Sie Ihren Partner in die Situation noch einmal richtig einsteigen!

1. »Gehen Sie in eine Situation der letzten Zeit, in der Sie für sich eine **sehr gute Lösung erarbeitet** haben. Betrachten Sie eine positiv gemeisterte Situation!«

   »**Versetzen Sie sich in die Situation hinein**, in der Sie die Lösung gefunden haben.«

   - »Wie ist es genau gelaufen?«
   - »Was haben Sie durch Ihren Beitrag in die Wege geleitet?«
   - »Wie haben Sie sich bereit gemacht?«
   - »Was haben Sie für die Lösung genau im Einzelnen getan?«
   - »Wer war sonst noch beteiligt?«
   - »Wie haben Sie die Lösung erlebt?«
   - »Wie haben Sie die Lösung gespürt?«
   - »Was können Sie für sich persönlich aus dieser Situation nehmen?«

2. »Jetzt dürfen Sie einmal ganz unbescheiden sein: Sprechen Sie darüber, was Ihre **besonderen Qualitäten und Stärken bei der Lösungsfindung** sind.«

   - »Was sind Ihre besonderen Eigenschaften und Beiträge?«
   - »Wie zeigen Sie diese konkret?«
   - »Wie haben Sie diese Qualitäten bei sich entwickelt?«

3. Schauen Sie jetzt einmal, welche **Rahmenbedingungen für die Realisierung Ihrer Qualitäten** hilfreich und unterstützend wirken.
   - »Welches technische Umfeld nützt Ihren Lösungskompetenzen?«
   - »Welche Handlungs- und Denkweisen anderer helfen Ihnen, Ihre Stärken auf die Matte zu bringen?
4. »Wie geht es Ihnen jetzt? Spüren Sie kurz Ihrem Gefühl nach.«
   - »Was können Sie daraus als Schlussfolgerung mitnehmen?

2. Persönlichkeit und Unterschiede

Der zweite Bereich professioneller Kenntnisse betrifft die Persönlichkeit und deren Unterschiedlichkeit. Was macht eine Persönlichkeit aus und was sind die Unterscheidungskriterien? Wenn man diese Punkte betrachtet, findet man Hinweise, was zu entwickeln ist. Viele Menschen nehmen im Alltag an, dass andere Menschen im Grunde genauso denken wie sie selbst und zum gleichen Verhalten kommen müssen. Tatsächlich sind Menschen auf der Ebene der Persönlichkeitsstruktur sehr unterschiedlich. Der professionelle Praktiker als Coach, Trainer oder auch als Führungskraft braucht ein Wissen darüber, wie und warum Menschen unterschiedlich sind. Diese Unterschiedlichkeit zeigt auch, welche Wirkung ein Mensch auf andere hat und wie Menschen aufeinander reagieren.

Zwei Grundideen prägen die Persönlichkeitsvorstellung der Transaktionsanalyse. Nach der ersten Grundidee haben Menschen je nach Kontext abrufbar sehr unterschiedliche Reaktionsmöglichkeiten auf Situationen. Ihnen steht ein großer Schatz an so genannten Ich-Zuständen zur Verfügung, die jeweils durch eine Einstellung, ein Gefühl und ein Verhalten gekennzeichnet sind.

Die zweite Grundidee ist: Menschen bilden sehr früh eine zusammenhängende, konsistente, unbewusst wirksame Geschichte über sich selbst, aber auch über die anderen und die Welt. Diese Vorstellung wird das Skript genannt. Zunächst zur ersten Grundidee: Menschen entwickeln ständig Ich-Zustände.

Definition: Ich-Zustand

Ein Ich-Zustand ist definiert als ein zusammenhängendes Muster aus Denken (Einstellung), Fühlen und Verhalten.

Grafik: »Ein stetiger Strom«

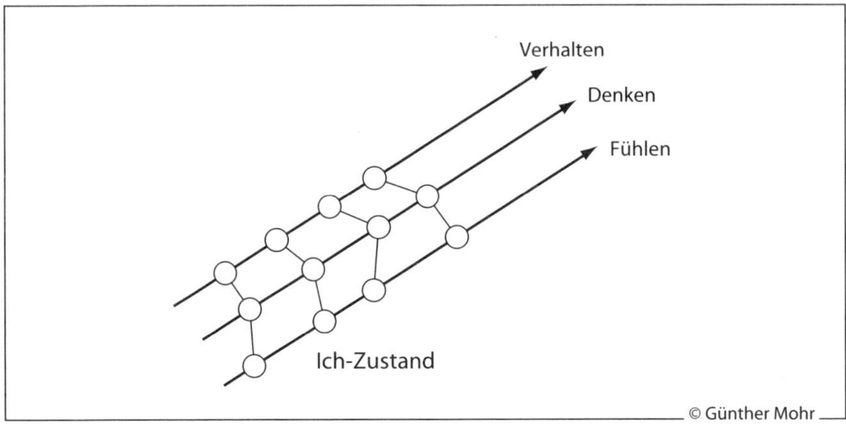

Denken ist im Sinne von bestimmten Gedanken bis hin zu Einstellungen zu sehen, die mit einem Gefühl und einem Verhalten oder einem Verhaltensimpuls ein Muster bilden. Gefühle sind aufbauend auf den acht kulturübergreifend wahrnehmbaren Grundgefühlen Angst, Freude, Ärger, Zuneigung, Trauer, Schuld, Scham und Ekel (Mohr 2008, 71) zu sehen. Darüber hinaus gibt es natürlich unendlich viele Nuancierungen. Wichtig ist allerdings, Gefühle von Gedanken zu trennen. »Ich fühle mich ungerecht behandelt« ist kein Gefühl, sondern ein Gedanke, der vielleicht dann ein Gefühl nach sich zieht. Wie bei einer Perlenkette können Gefühle Gedanken und Gedanken Gefühle folgen. Für die beraterische Bearbeitung einer solchen Gedanken-Gefühls-Kette ist die Unterscheidung allerdings wichtig, um die Reihenfolge unterbrechen zu können.

Wenn alle drei Bezugnahmen Verhalten, Denken (Einstellungen) und Fühlen zu einer zusammenhängenden Gestalt, einem Muster gefügt sind, entsteht der Ich-Zustand. Viele davon sind sicher nur kurz vorhanden und flüchtig. Oft allerdings werden sie zu Gewohnheitsmustern, so dass sich immer wieder bestimmte Ich-Zustände wiederholen. Der amerikanische Transaktionsanalytiker Jim Allen (2003) bezeichnet den Ich-Zustand aus neurobiologischer Perspektive als die zu einem bestimmten Zeitpunkt gemeinsam feuernden Neuronen. Eric Berne hatte zuvor bereits mit seinem Satz »Jeden Tag ein neuer Ich-Zustand« auf die konstruktive Seite dieser Musterbildung hingewiesen. Wie man neue Ich-Zustände entwickelt, dazu mehr im Kapitel »Entwicklung und Veränderung«. Zunächst gilt es, Bewusstheit über die Ich-Zustände zu entwickeln.

Die Bewusstheit über den eigenen Ich-Zustand

Um sich den eigenen Ich-Zustand bewusst zu machen, kann man folgende Übung mit einer Gruppe machen, in der die Teilnehmer ihr derzeitiges Denken, Fühlen und Verhalten beschreiben und hinterher reflektieren können.

Der Ich-Zustand lässt sich noch ein wenig mehr differenzieren, indem zusätzlich der Körper als eine Bestimmungsebene des aktuellen Musters (Christoph-Lemke und Weil 1997) hinzugenommen wird. Die praktische Realisierung zeigt die folgende Übung:

ÜBUNG: Wie ist das momentane Verhalten – Denken – Fühlen – Körperempfinden?

Fühlen:

Körperempfindung:

Denken:

Verhaltens(impuls):

Das Funktionsmodell – Die Ausdrucksqualität einer Persönlichkeit

Die Ich-Zustände lassen sich nun nach verschiedenen Fragestellungen gruppieren oder clustern, wie man auch sagt.

Grafik: Ich-Zustandssysteme

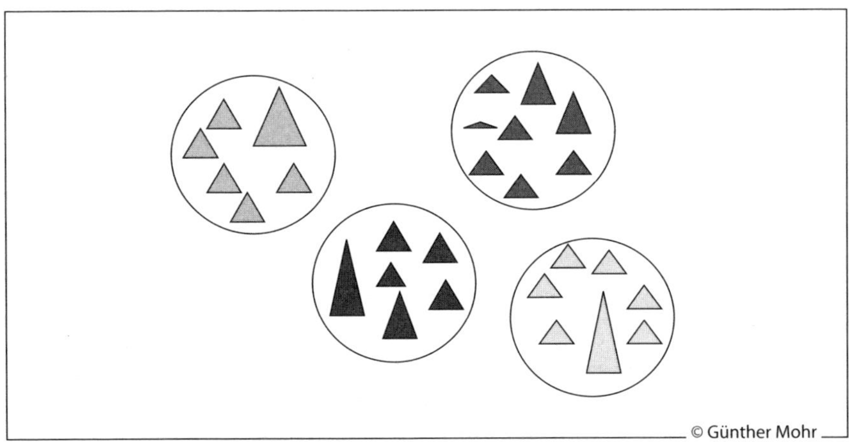

Eine sehr populäre Perspektive auf Persönlichkeit ist dabei, die Ich-Zustände nach dem Kriterium ihrer sozialen Ausdrucksqualität einzuteilen. Dies ergibt eine Reihe typischer persönlicher Stile, wie sich eine Persönlichkeit nach außen ausdrückt (Ausdrucksanalyse). Diese hat jeder Mensch wie eine potenzielle innere Teammannschaft (Mohr 2003) zur Verfügung. Aber auch hier sind bei manchen bestimmte einzelne Stile zu Gewohnheitsmustern geworden und werden nicht mehr der äußeren Situation entsprechend eingesetzt. Dies unterscheidet dann positive (= angemessen bezüglich der Situation und der Form) und negative (= unangemessen, gewohnheitsmäßig, mit unpassender Form) Ausdrucksformen.

Grafik: Persönliche Stile des Verhaltens

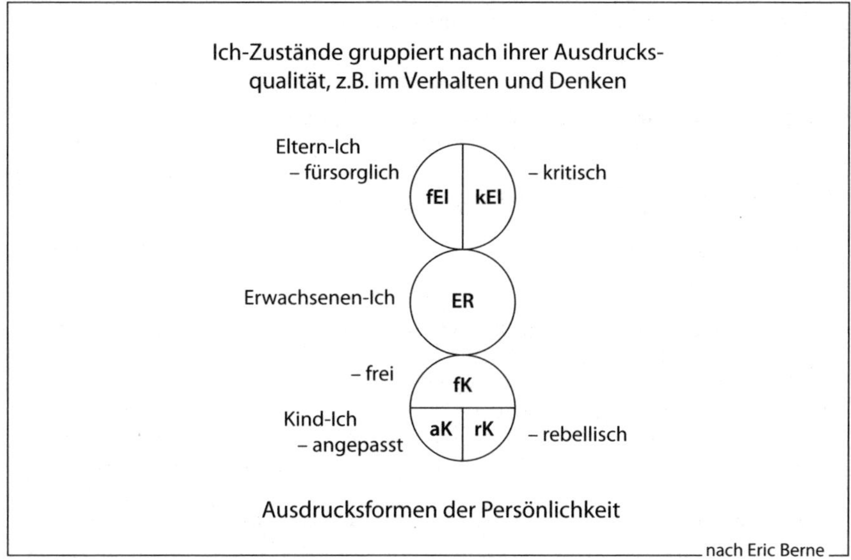

Das Modell stellt sechs Persönlichkeitshaltungen dar, die wie ein inneres Team bei jedem Menschen vorhanden sind, obwohl sehr unterschiedlich ausgeprägt. In Klammern sind die von Berne ursprünglich geprägten, manchmal etwas missverständlichen Bezeichnungen aus der Familienwelt aufgeführt:

- eine natürlich, spontane, gefühlsbetonte Haltung (das sog. freie Kind-Ich, fK),
- eine sich an Erwartungen anderer anpassende Haltung (das sog. angepasste Kind-Ich, aK),
- eine prinzipiell gegen Erwartungen gerichtete Haltung (das sog. rebellische Kind-Ich, rK),
- eine sich um andere kümmernde Haltung (das sog. fürsorgliche Eltern-Ich, fEl),
- eine andere einschränkende und orientierende Haltung (das kritische Eltern-Ich, kEl),
- die vernunftgeprägte, sachliche Haltung (Erwachsenen-Ich, ER).

Diese sechs Ausprägungen können in positiver Wirkung wie auch in negativer Wirkung auftreten. Nur das Erwachsenen-Ich als innerer Moderator und auf das Hier-und-Jetzt bezogene Instanz ist quasi per definitionem positiv. Im Folgenden werden einige Hinweise für die Ausdrucksformen der einzelnen

Ich-Zustände vorgestellt. Wichtig ist dabei, dass in der Regel mehrere Kommunikationskanäle (Körper, Stimme, Worte, ...) gemeinsam als Hinweis genommen werden müssen. Eine Zuordnung sollte sich nicht auf ein einziges Merkmal stützen.

Tabelle: Sechs Formen sich in der Kommunikation zu verhalten

Körpersprache	Stimme	Worte
Kontrollierendes Eltern-Ich		**Die Welt bewerten und Grenzen ziehen**
erhobener Zeigefinger, Kopfschütteln, schräg zurückgelehnter Kopf, abwinken, stechender Blick, Brust herausgedrückt, schmale Lippen	laut, kalt-überlegen, laut- und hochschaukelnd, kurz-befehlend, flüsternd	»immer«, »nur«, »sollen«, »müssen«, »gut«, »schlecht«, »lächerlich«, »auf keinen Fall«, »die sind so«, »man hat das so festgelegt«, »das war schon immer so«, »die/der ist doch schon immer ...«, »lass das«, »Stopp«
Fürsorgliches Eltern-Ich		**Sich um das Wohl des anderen kümmern**
leichter Körperkontakt, offene Hände, Körper wie ein »C« nach vorn gebogen, aufnehmend, Hand auf der Schulter / dem Arm des anderen, Augenkontakt	warm beruhigend	»gönne dir etwas«, »lass dir ruhig helfen«, »wenn etwas ist, kannst du auf mich zukommen«, »pass auf«
Erwachsenen-Ich		**Sachlich und persönlich auf die Realität reagieren**
ausgewogene Bewegungen, wechselnd Augenkontakt und zuhörend, Aufmerksamkeit nach innen gerichtet	wenige Schwankungen in der Lautstärke und Melodie	Signale des aktiven Zuhörens: »wer, was, wann, wo, wie«, »sach-warum? wieviel?«, »hm«, »ja«, »das heißt also, dass ...«, »ich denke dazu ...«
Angepasstes Kind-Ich		**Sich nach all den vielen Eltern-Figuren richtend**
gesenkter Kopf, kein Blickkontakt, Strammstehen, Brustatmung	leise, stockende Stimme, Lautstärke am Ende des Satzes abfallend	»darf ich?«, »ich werde mir Mühe geben«, »soll ich?«, »das ist mir so aufgetragen«

Freies Kind-Ich		**Unvoreingenommen, gefühlsmäßig reagierend**
Gefühle zeigend (je nach Situation), leuchtende Augen, große Schwankungen in Lautstärke und Tempo, zorniges Gesicht, Arme und Hände sprechen mit	sich überschlagende Stimme	»Ah«, »oh«, »super«, »ärgerlich«, »glücklich«, »traurig«
Rebellisches Kind		**Prinzipiell dagegen sein**
in der Gegend herum schauend	einmal langsam (zäh) sprechend, (Desinteresse signalisierend), dann wieder schnell	»bringt doch nichts«, »ich will das nicht«, »für mich [Trotzmimik] ist das nichts«, »Müsste man da nicht auch noch … bedenken?«

Eine moderne Darstellung der persönlichen Stile des Verhaltens, die auf die Familienbegriffe Eltern und Kind verzichtet, hat Susannah Temple (2002) mit ihrem Functional Fluency-Modell entwickelt.

Grafik: Functional Fluency – Das Modell der funktionalen Ich-Haltungen

Dominierende Haltung tyrannisch Fehler suchend strafend	– ***Kontrolle***	– ***Fürsorge***	**Überfürsorglich-unechte Haltung** verwöhnend inkonsequent erstickend
anregend gut organisiert stabil **Strukturierende Haltung**	+	+	wertschätzend verständnisvoll mitfühlend **Nährende Haltung**
wachsam bewusst geerdet	***Reflektierte Haltung*** die innere und äußere gegen-wärtige Realität einschätzend		fragend einschätzend rational
Kooperative Haltung selbstbewusst rücksichtsvoll friedlich	+ ***Sozialisiert***	+ ***Frei***	**Spontane Haltung** kreativ ausdrucksstark begeistert
ängstlich rebellisch unterwürfig **Angepasste / rebellische Haltung**	–	–	egozentrisch leichtsinnig selbstsüchtig **Unreife Haltung** nach Temple 2002

Das Herkunftsmodell – Woher kommt ein Erlebens- und Verhaltensmuster?

Die Transaktionsanalyse bietet außerdem ein Modell, das die Struktur einer Persönlichkeit aus einer anderen Perspektive betrachtet: Woher kommt ein bestimmtes persönliches Muster? Dies unterscheidet für eine mögliche Änderungsinitiative in der Beratung, ob es von anderen übernommen oder selbst entwickelt wurde bzw. aus der Vergangenheit oder aus dem Aktuellen stammt. In der Fragestellung der Herkunft der Persönlichkeit lassen sich drei Musterkategorien für Ich-Zustände beschreiben (nach Berne 1970, 28):

- Eltern-Ich (»Exteropsyche«): ein System von Mustern aus Einstellungen, Gedanken, Verhaltensweisen und Gefühlen, die wir von unseren Eltern oder aus anderen signifikanten Quellen übernommen haben: Literatur, Lehrer usw.

- Kindheits-Ich (»Archeopsyche«): alle Muster, die ein Kind von Natur aus hat; die selbstentwickelten Aufzeichnungen seiner früheren Erfahrungen, seiner Reaktion darauf und die Grundanschauungen über sich und andere.
- Erwachsenen-Ich (»Neopsyche«): das aktuelle Neubestimmen, Musterbilden im Hier und Jetzt; das Intelligente, die aktuelle äußere und innerpsychische Realität.

In der folgenden Grafik habe ich die herkunftsanalytischen Ich-Zustände neben der Berne'schen Begrifflichkeit in allgemeiner Sprache definiert.

Grafik: Herkunftsanalyse der Ich-Zustände

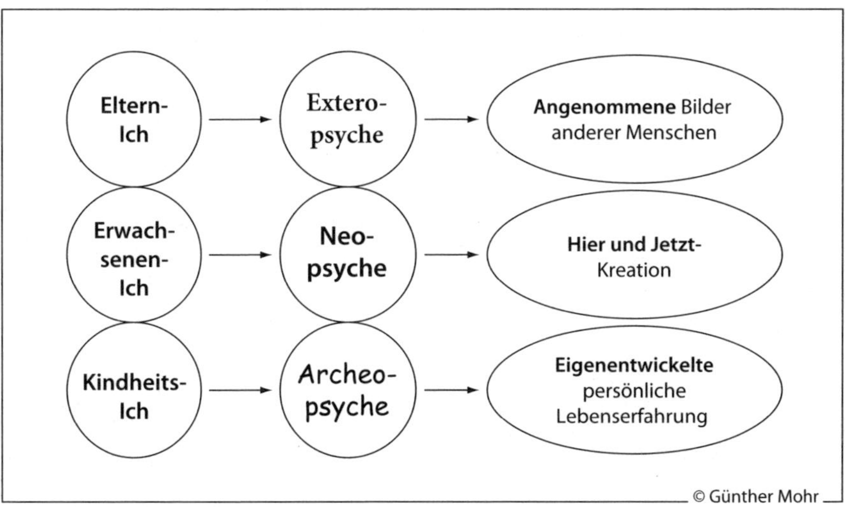

Eigentlich müsste der obere und der untere Kreis viel größer gezeichnet sein. Denn die »Konkurrenz« für das »Hier-und-Jetzt« ist groß. Die Entwicklung eines neuen Ich-Zustands steht in Konkurrenz mit sehr vielen von außen »angenommenen Bildern anderer Menschen« und vor allem der »eigenentwickelten persönlichen Lebenserfahrung«. Hier ist eine bestimmte Lebenserfahrung durchaus oft ein hinderlicher Aspekt für angemessenes Neues.

Grafik: Ich Zustands-Coaching

Neopsyche in Konkurrenz zu alten und fremden Ich-Zuständen

Exteropsyche (»Eltern-ICH«): Von anderen übernommene Muster

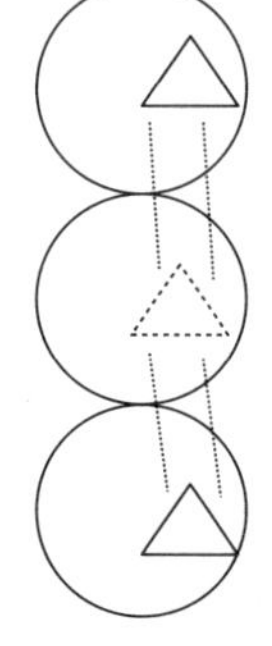

Neopsyche (»Erwachsenen-ICH«): Hier und Heute neu zu kreierende Reaktionsweisen

Archeopsyche (»Kind-ICH«): Früh(er) eigenentwickelte Reaktionsweisen

ÜBUNG: Ich-Zustände und Leistungsverhalten

Eltern-Ich

- Welches Bild haben/hatten meine Eltern davon, wie ein Leistungsergebnis erzielt wird? Was haben Sie erwartet?

  ....

- Wie würde ich mich in dieser Situation fühlen?

  ....

- Was würde ich tun?

  ....

- Was würde das Erreichen der von den Eltern erwarteten Situation über mich aussagen?

  ....

Kind-Ich

- Welche typische Eigen-Erfahrung kommt mir zum Thema Leistung in den Sinn?

  ....

- Wie habe ich mich dabei gefühlt?

  ....

- Was habe ich getan?

  ....

- Was sagte diese Erfahrung über mich aus?

  ....

Erwachsenen-Ich

- Wie will ich mit meinen aktuellen Kompetenzen auf Leistungsanforderungen reagieren?

  ....

- Was will ich konkret tun, wenn eine Leistungsanforderung vor mir steht?

  ....

- Wie werde ich mich realistisch betrachtet im Verlauf der Leistungserstellung (vor Beginn, beim Beginn, auf der »Strecke«, am Schluss, nachher) fühlen?

  ....

Das Werte-Vernunft-Gefühle-Modell

Eine weitere Perspektive auf die Ich-Zustände ist, dass das Eltern-Ich eher von Werten, das Erwachsenen-Ich von Vernunft, das Kind-Ich eher von Gefühlen bestimmt wird. Dies ist ein verkürztes Funktionsmodell, zwar theoretisch nicht konsistent, praktisch aber oft hilfreich. Denn es entspricht dem landläufigen Vorstellungsbild, dass die Ausbildung der Werte etwas mit dem Elternhaus (»der guten Kinderstube«) zu tun hat, dass Kinder eher gefühlsmäßig reagieren und dass Vernunft ein erwachsenes Lernprodukt ist. Es ist auch dann eine interessante Landkarte, wenn es um so genannte Ausschlüsse von Ich-Zuständen geht (z.B. jemand lebt keine Gefühle; jemand bezieht sich nicht auf Werte).

Eine interessante Überlegung ist zudem, die drei Ich-Zustands-Perspektiven (Ausdrucksqualität, Herkunft und Werte-Vernunft-Gefühle) in Verbindung zu sehen. Dann wäre zu fragen, wie eine kritische innere Stimme (kritisches Eltern-Ich) von den eigenen Eltern (Herkunftsmodell) erworben wurde und so ein bestimmtes Wertesystem zeigt. Da solche Zusammenhänge nicht selten der Fall sind, werden von manchen Autoren alle drei Perspektiven zusammen gesehen. Sie sind aber unterschiedliche Blickrichtungen auf die Persönlichkeit eines Menschen. Für die Praxis des Coachings gilt, jeweils die Perspektive zu nutzen, die als »Landkarte« für eine Lernaufgabe eines Menschen am ehesten passt.

Diese kann dann sehr schön die Verbindung aller drei Blickwinkel auf einen Ich-Zustand sein.

ÜBUNG: Zur Anwendung des Werte-Vernunft-Gefühle-Modells

Eltern-Ich: Werteorientierung

- Wie muss der perfekte .... (Berater, Trainer, Manager) sein? Welche inneren Idealbilder habe ich dazu?

  ....

- Wie sind meine professionellen Standards und Werte, nach denen ich mich richte?

  ....

Kindheits-Ich: Spaß, Begeisterung, Neugier

- Was macht mir den meisten Spaß in meiner Arbeit?

  ....

- Wobei bin ich begeistert?

  ....

- Wobei vergesse ich die Welt um mich herum?

  ....

Erwachsenen-Ich: Aktuelles Entwickeln

- Was wäre zurzeit die vernünftigste Entwicklung meiner Fähigkeiten?

  ....

- An welchen Themen arbeite ich gerade in meiner professionellen Persönlichkeitsentwicklung?

  ....

- Welche Ziele passen jetzt für meine persönliche für meine professionelle Entwicklung kurz-, mittel- und langfristig gesteckt?

  ....

3. Beziehung und Kommunikation

Der dritte Bereich der integrierten Professionalität betrifft Kommunikation und Beziehung. Beziehung ist dabei eher eine Makroperspektive auf das Zwischenmenschliche, Kommunikation die Mikroperspektive.

Die Beziehungseinladung

Hier sind die Vorstellungen über die Person und die Beziehung sehr gut miteinander zu verknüpfen. Die »elf Gänge«, die von einer Person in Beziehung und Kommunikation eingesetzt werden können, sind dem Funktionsmodell folgend:

1. Das Positiv fürsorgliche Eltern-Ich (+fEl). Funktion: Erlaubnis-Geben.
   »Ich mag dich wie du bist, egal, was du tust.«
2. Das negativ fürsorgliche Eltern-Ich (-fEl). Funktion: »Kolonialisieren«: Jemand anderen kleiner machen, als er ist, indem man ihm unnötige Hilfe aufdrängt, um ihn zu dominieren.
3. Das positive kritische Eltern-Ich (+kEl). Funktion: Schützen.
   »Pass auf dich auf, das kannst du!«
4. Das negative kritische Eltern-Ich (-kEl). Funktion: Besserwissen, Verfolgen.
   »Jetzt zeig ich dir mal, was du wieder alles falsch gemacht hast.«
5. Das Erwachsenen-Ich, das sachlich und persönlich auf den anderen reagiert.
6. Das negative freie Kind-Ich (-fK). Funktion: ein ständiges Reklamieren der eigenen Bedürfnisse.
7. Das positive freie Kind-Ich (+fK). Funktion: spontaner Ausdruck von Gefühlen und Impulsen.
8. Das negative angepasste Kind-Ich (-aK). Funktion: über Anpassung oder Unfähigkeit Beziehungen kontrollieren. »Ich werde euch zwingen, euch mit mir zu beschäftigen!« Dies wäre der manipulative Aspekt des -aK. Der brave Aspekt des -aK wäre: Was muss ich tun, um gemocht zu werden?

»Eigentlich bin ich ja nicht liebenswert, aber vielleicht erbarmt sich ja jemand.«

9. Das positive angepasste Kind (+aK). Funktion: kooperative Haltung zeigen. Es macht etwas, was von ihm erwartet wird, fühlt sich aber OK dabei: morgens Aufstehen, seine Arbeit tun, Kinder versorgen, zu Menschen höflich sein.
10. Das negativ-rebellische Kind-Ich (-rK). Funktion: die Welt durch »sperriges« Verhalten steuern. Es ist prinzipiell dagegen und motzt gegen alles.
11. Das positiv-rebellische Kind-Ich (+rK). Funktion: Intuition einbringen. Es merkt intuitiv an bestimmten Punkten, dass etwas nicht gut läuft und sagt »Stopp« ohne eine bestimmte Begründung zu haben.

Mit diesen elf »Gängen« kann der Mensch in die Kommunikation starten und »Einladungen versenden«. Wie der andere dann reagiert und was sich daraus ergibt, bezieht die »Transaktionsanalyse im engeren Sinne« mit ein.

Die Transaktionsanalyse der Kommunikation im engeren Sinne

Um die Bedeutung dessen herauszustreichen, was konkret und wahrnehmbar zwischen zwei Menschen in der Kommunikation passiert, betrachtet die Transaktionsanalyse die Mikroeinheiten der Kommunikation. Was »strahlt« der eine Kommunikationspartner aus und was gibt der andere zurück. Dieser Fokus auf die konkreten Wirkungen kennzeichnet die Transaktionsanalyse.

Definition: Transaktion
Eine Transaktion ist definiert als ein Austausch von Information (Stimulus und Reaktion) zwischen zwei Personen.

Damit ist es quasi ein doppeltes Sender-Empfänger-Modell à la Shannon (1948). Der Unterschied zu anderen Kommunikationsmodellen liegt darin, dass Kommunikation als ein Austausch zwischen bestimmten Ausdrucksfiguren der Ich-Zustände stattfindet. Beziehungen bestehen aus einem Fluss von Transaktionen. Je nach dem, ob kEl oder fEl mit K, oder ER mit ER kommuniziert, gibt es sehr unterschiedliche Formen, die komplementär, »gekreuzt« oder verdeckt sein können. Dies bezieht sich darauf, in wieweit die adressierte

Ich-Haltung antwortet und wie bewusst das Ganze den Beteiligten ist. Somit entspricht die Transaktionsanalyse der modernen Kommunikationsdefinition im Sinne von Gunther Schmidt (2005):

Definition: Kommunikation

Kommunikation besteht aus Einladungen, die Aufmerksamkeit auf bestimmte Punkte zu richten.

Komplementäre Transaktion bedeutet, dass der adressierte Ich-Zustand antwortet und sich auch an den sendenden Ich-Zustand wendet. In der gekreuzten Transaktion antwortet ein anderer als der adressierte Ich-Zustand. Dann existieren noch die verdeckten Transaktionen, bei denen neben einer offenen Ebene eine unterschwellige vorhanden ist.

Grafik: Parallele Transaktion

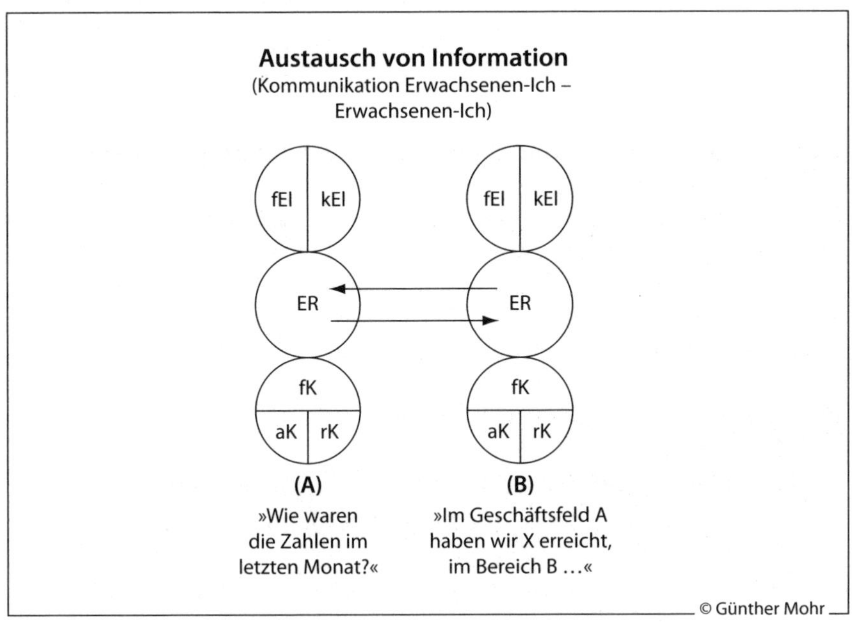

Sehr schöne Übungen zu diesem Bereich finden sich bei Dieter Gerhold (2005) »Das Kommunikationsmodell der Transaktionsanalyse«. Wichtig sind hier für das praktische Arbeiten die drei Kommunikationsregeln. Vor allem die dritte, die die Bedeutung unterschwelliger Ebenen in der Kommunikation betont, zeigt für Beratung und Coaching an, worauf zu achten ist, um die wirkliche Beziehungsqualität zu registrieren.

Grafik: Kommunikationsregeln

Ergebnisse der Transaktionsanalyse für die Kommunikation

- Solange die Transaktionen parallel verlaufen, kann die Kommunikation unbegrenzt weitergehen.
- Die Überkreuz-Transaktion bedeutet eine Störung in der Kommunikation; soll diese wieder »glatt« ablaufen, muss einer der Gesprächspartner oder müssen beide den Ich-Zustand wechseln.
- Bei der verdeckten Transaktion fällt die Entscheidung über das weitere Verhalten durch die verdeckte und nicht durch die offene Ebene

nach Eric Berne

Destruktive Kommunikationsmuster (»Psychologische Spiele«)

Zu jedem Menschen gehören bestimmte Muster der Kommunikation und Beziehungsgestaltung. Diese werden besonders in Stresssituationen sichtbar, treten aber auch im Alltag als Gewohnheitsmuster auf. Die Transaktionsanalyse nennt diese Muster »Spiele«, weil sie wie eingespielt wirken, aber auch den Charakter von Spielchen haben (Berne 1970, 57).

Definition: Spiel

Ein Spiel besteht aus einer fortlaufenden Folge verdeckter komplementärer Transaktionen, die zu einem ganz bestimmten voraussagbaren Ergebnis führen.

Die einge«spiel«ten Folgen von Transaktionen haben nach James und Jongeward (1974, 52) drei Merkmale:

1. eine fortlaufende Folge von Komplementär-Transaktionen, die auf der gesellschaftlichen Ebene plausibel sind,
2. eine verdeckte Transaktion, die zugrunde liegende Mitteilung des Spiels und
3. ein vorauszusehender Nutzeffekt, der das Spiel beendet und Zweck des Spielens ist.

In Spielen werden die drei Rollen des Drama-Dreiecks besetzt: Verfolger, Retter und Opfer. Dabei haben Menschen »Lieblings«-positionen, lassen sich aber in problematischen Kommunikationssituationen auch auf ein Wechselspiel der Rollen ein, indem sie beispielsweise vom Retter zum Opfer werden.

Grafik: Das Drama-Dreieck

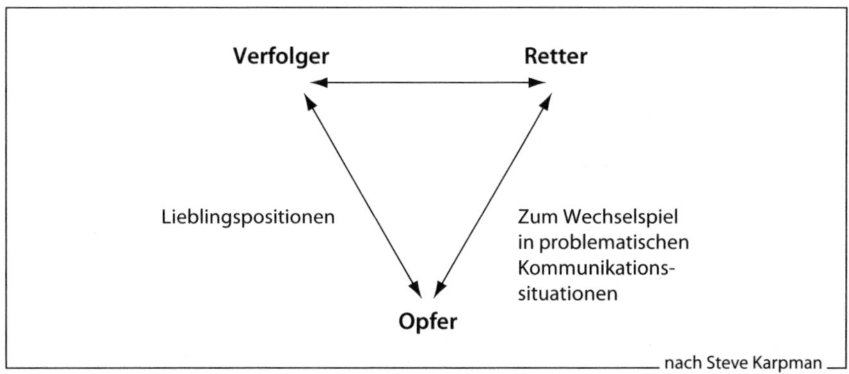

Von English wird noch einmal gesondert der emotionale Teil der destruktiven Muster betrachtet, so genannte »Rackets« (English 1986). Der Begriff stammt aus der Mafiasprache und bezeichnet als Metapher das Ausbeuterische, das diese »Gefühlsmaschen« anderen gegenüber darstellen können. Es sind Verhaltensmuster, die auf Skriptpositionen beruhen und gewohnte alte Stimmungen wiederbeleben. Rackets zeigen sich als Ersatzgefühle oder übersteigerte Gefühle, hinter denen ein wirkliches Gefühl steht, das in der frühen Kindheit nicht erlaubt oder abgewertet wurde. Jemand zeigt zum Beispiel Ärger, wenn eigentlich Angst angesagt ist. Die Racket-Gefühle haben in der Regel negative Wirkung und inszenieren eine Abwertung eigener Bedürfnisse oder der anderer. Der Unterschied zwischen Racket und Spiel besteht darin, dass bei einem Racket in der Haltung kein »Switch« (Wechsel) zwischen Verfolger, Retter und Opfer erfolgt, sondern eine bestimmte Stimmungshaltung anhält. Den Unterschied kann man sehr schön am »Ja, aber-Spiel« sehen, bei dem das anfängliche Opfer schnell zum Verfolger mutiert. Bei einem Racket passiert das nicht. Das ursprünglich von Fanita English entwickelte Ersatzgefühl-Konzept tritt später bei Marshall Rosenberg in seiner gewaltfreien Kommunikation wieder auf (Rosenberg 2002, 139; Holler 2003, 154), ohne dass klar wird, ob er sich auf English bezieht. Er spricht von einem Primärgefühl, das eigentlich da ist, aber durch einen meist unbewussten Bewertungsprozess schnell in ein Sekundärgefühl umgewandelt wird. So entstehe beispielsweise aus einer Kränkung und psychischen Verletzung ein Ärger- und Hassgefühl. Dies geschieht in Sekundenbruchteilen und macht den unbewussten Prozess sehr gut deutlich.

Grafik: Psychologische Spiele

Zwischen Verfolger und Opfer	Zwischen Retter und Opfer
Da hab ich dich, du Schweinehund	Ich will dir doch nur helfen
Makel	Holzbein
Hilfe, Vergewaltigung	Blöd
Wenn du nicht wärst	Alkoholiker
Gerichtssaal	Sieh nur, was du angerichtet hast
Schlemihl	Robin Hood
Meins ist besser als deins	Ja, aber
Tumult	Verehrer

Spielformel nach Eric Berne

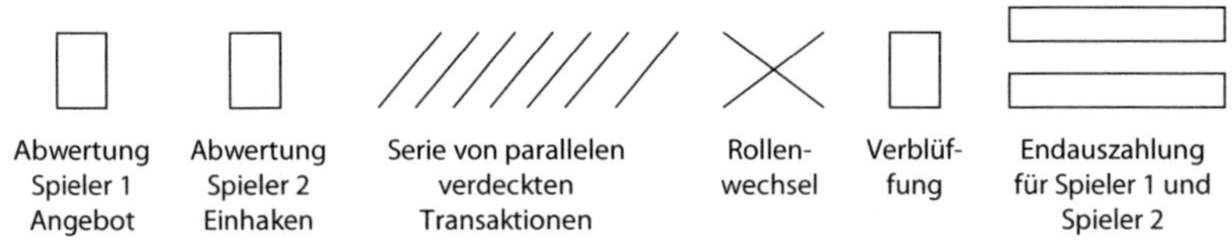

Abwertung Spieler 1 Angebot	Abwertung Spieler 2 Einhaken	Serie von parallelen verdeckten Transaktionen	Rollen-wechsel	Verblüf-fung	Endauszahlung für Spieler 1 und Spieler 2

nach Eric Berne

ÜBUNG: Der Spielplan

1. Was ist es, was mir immer wieder passiert?

....

2. Wie fängt das an?

....

3. Bei welchen »Ködern« beiße ich gerne an (oder zu)?

....

4. Was übersehe ich dabei gerne, was ich »eigentlich« weiß?

....

5. Wie lautet meine geheime Botschaft an den anderen?

....

6. Wie lautet seine Botschaft an mich?

....

7. »Kippt« das Ganze irgendwann?

....

8. Wie geht es aus?

....

9 a) Wie fühle ich mich am Ende?

....

b) Welche Einstellung empfinde ich als bestätigt?

....

10 a) Wie muss sich, meiner Vorstellung nach, mein Gegenüber am Ende fühlen?

....

b) Welche eigene Einstellung wird er wohl als bestätigt sehen?

....

nach Ideen von James 1973; Stewart & Joines 1990, 344

Lernende in der Transaktionsanalyse stellen oft die Frage, wie ein Ausstieg aus psychologischen Spielen möglich ist. Dazu gibt folgende Tabelle einige Anhaltspunkte.

Tabelle: Aussteigen aus einem Spiel

1. Gelingt nur, wenn man über die eigene Verwicklung Bewusstheit erlangt hat
2. durch – wenn möglich – Nicht-Einsteigen (Überhören, ...);
3. durch Äußern von ehrlicher Betroffenheit und Befürchtungen über den weiteren Verlauf (»Wie wird das zwischen uns wohl ausgehen?«);
4. durch direktes Eingehen auf Bedürfnisse des anderen (»Brauchst du Unterstützung?«);
5. durch zeitweilige räumliche Distanzierung, um zu einem angekündigten Zeitpunkt – in besserer Verfassung – Klärung herbeizuführen;
6. durch Anbieten der eigenen Endauszahlung, wenn man nicht wirklich mitgespielt hat (»Ich merke, dass ich mich jetzt zu ärgern beginne.«);
7. durch Transparentmachen des Spiels (»Da läuft etwas sehr Ungutes zwischen uns.«);
8. durch Nicht-Annahme der eigenen Endauszahlung (in der Selbstinstruktion: »Auch wenn es wieder einmal passiert ist – ich jammere jetzt nicht, sondern lenke meine Aufmerksamkeit woanders hin.«).

Bezogene Autonomie

Systemische Transaktionsanalyse zielt auf eine integrierte Personalität ab, die Beziehungsfähigkeit auf der Basis von Aufmerksamkeit und flexiblen Gestaltungsmöglichkeiten lebt. Berne hat in seiner Sprache von Autonomie mit Bewusstheit, Flexibilität und Intimität gesprochen.

Grafik: Integrierte Personalität

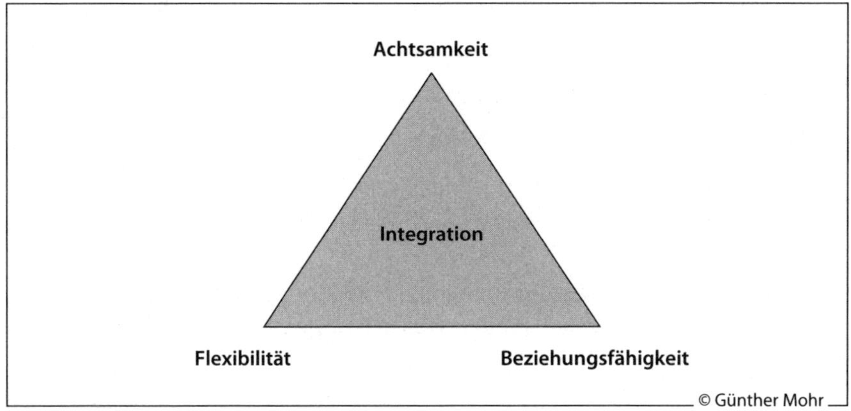

Autonomie ist Freisein von Skriptgebundenheit. Realistisch betrachtet bedeutet es keinen Zustand, sondern einen stetigen Weg. Der eigene Weg ist das Ziel. Mit der transaktionsanalytischen Arbeit gelingt es, über die früh entschiedenen Einschränkungen des Skriptes hinauszuwachsen. Dies geschieht im aufmerksamen Registrieren dessen, was momentan ist, in der Bezogenheit auf heutige Beziehungspartner sowie in zunehmender Flexibilität des Reagierens.

Beziehungsmäßige Zeitgestaltung

Im Bereich der Beziehungsgestaltung präsentiert die Transaktionsanalyse außerdem ein Modell, wie Menschen ihre Zeit im Zusammensein mit anderen verbringen.

Grafik: Zeitstrukturierung

Rückzug: Tagträume, Grübeln, anderen Menschen aus dem Weg gehen

Rituale: In Konventionen festgelegte Tätigkeiten, Zeremonien

Zeitvertreib: Smalltalk, »Partygespräche«

Aktivitäten: manche Arbeit, Hobbys, Sport

»Maschen« = Psycho-Spiele: Intensive, aber destruktive Kommunikationsmuster, die zur Bestätigung einer problematischen Grundposition eingesetzt werden

Nähe zu anderen Menschen: offener, ehrlicher Austausch von Gedanken und Gefühlen; im Berufsleben: professionelle persönliche Kommunikation

Beziehungsmäßige Zeitgestaltung bedeutet, wie und womit Leute ihre Zeit in Bezug auf andere verbringen. Dies ist gerade in Wirtschaftsbereichen interessant, in denen Erfolg durch die Beziehungsgestaltung mit Kunden erreicht wird. Dazu gehören Banken und Versicherungen, aber auch Autohändler, Ärzte, Krankenschwestern, Journalisten und Priester.

Drei Anwendungsmöglichkeiten dieses Modells bieten sich an:

1. Man kann es als sechs nacheinander ablaufende Stufen vom Kennenlernen bis zu einer stabilen Beziehung sehen.
   Zu Anfang macht man die Erfahrung, dass Menschen von der Neubegegnung mit einem anderen Menschen über Rituale, Zeitvertreib etc. – wenn es gut läuft – bis zum persönlich-professionellen Kontakt kommen. Insbesondere gilt es die Hürde der psychologischen Spiele zu nehmen, deren Auftreten oft das Ende einer guten Begegnung und Beziehung ist.
2. Jede Form hat ihren Platz und ist wichtig zu gegebener Zeit.
   Rückzug ist beispielsweise nicht weniger wert als andere Formen, weil man Rückzug zum Ausgleich und Auftanken ebenfalls braucht.

3. Menschen haben Lieblingsmuster der Zeitgestaltung, an die man im Kontakt ankoppeln kann oder sogar muss.

   Es gibt beispielsweise Liebhaber von Smalltalk, die kaum zu bremsen sind. Ebenso braucht der eine mehr Rückzug als der andere. Wenn man ein Gefühl dafür bekommt, welches das oder die bevorzugten Muster des anderen sind, kann man mit ihm leichter in Kontakt kommen.

ÜBUNG: »Das Tagwerk« – ein Selbststeuerungsinstrument für Manager

Das »Tagwerk« ist ein Selbststeuerungsinstrument, mit dem man seinen eigenen Arbeitstag in guter Weise begleiten kann. Durch das »Tagwerk« wird jeder Tag ein gelungener Tag.
Das Tagwerk wird auf einem Blatt Papier oder in einer Datei am Computer geführt. Es besteht aus zwei Teilen.

Der erste Teil ist eine **Zentrierung der eigenen Person**. Dies kann man zu Beginn des Arbeitstages, aber auch zu jedem beliebigen anderen Zeitpunkt des Tages durchführen. Mögliche Leitfragen sind dazu:

Wo ist meine innere Aufmerksamkeit zurzeit? Was ist mein Gefühl, mein Denken? Was ist das, was mich wirklich beschäftigt?

Was ist zurzeit das, was ich will? Was ist im Moment mein Ziel?

Diese Fragen führen zu einer Klarheit über die sowieso vorhandenen aktuellen inneren Impulse. Dadurch, dass sie registriert, vielleicht sogar aufgeschrieben werden, sind die Impulse erst einmal versorgt.

Der zweite Teil besteht aus dem **Rollierenden Tagesplan,** den einzelnen im Laufe des Tages wichtigen Aufgaben, Terminen und vor allem dem, was noch im Laufe des Tages dazu kommt. Das macht einen Rollierenden Tagesplan aus.

Aufgaben	Prio	Emo	Zeitbed.	Status

Beispiel: Rollierender Tagesplan vom ....

Aufgaben	Prio	Emo	Zeitbed.	Status
Für 4 Kunden ein Angebot schreiben / in separaten Raum gehen	AAA	---	30 Min.	Erledigt: »Juhu«
Info neues Produkt lesen	CCC	++	15 Min.	....
Unterlage X abschicken	AAA	+	5 Min.	....
Termin »Kunde Eifrig«	AAA	+++	25 Min.	
Termin Kennenlernen »Kunde Schatz« 9.30 Uhr	AAA	++	45 Min.	»Super« erledigt / schönes Geschäft und weiterer Termin 26.7.
Zwischenzeitlich: Anfrage Kunde X beantwortet	BBB	---		»Klasse«, »auch das noch geschafft«
[Neu im Laufe des Tages:]	AAA	+++		
[Neu im Laufe des Tages:] Störung ...	CCC	---		

Aufgabe = Aufgaben und Termine Prio = Priorität Emo = Emotionalität
Status = erledigt, vorangebracht, delegiert,......

Wichtig:

1. Geplante Aufgaben und Termine eintragen.
2. Auch Dinge, die im Laufe des Tages zusätzlich erledigt werden (z.B. eine Telefonberatung) registrieren.
3. Generell beides, was wichtig ist und was man wirklich tut, mindestens mit einem Stichwort und einer positiven Statusbeschreibung »erledigt«, »vorangebracht«, »80 % erledigt«, … registrieren.
4. Unerledigtes am Ende des Tages oder zu Beginn des nächsten Tages überprüfen, ob es noch zu erledigen ist.
5. Das eigene Tagwerk als erstelltes Werk betrachten, nicht als abzuarbeitenden Berg.

Sie erstellen etwas, sie schaffen nicht etwas weg. Die Maxime ist selbstanerkennend. Das, was tatsächlich sein sollte, fand auch statt. Wenn ich etwas ändern will, kann ich das ab morgen tun. Sie werden am Ende des Tages sehen, was sie alles getan haben. Sie werden zufriedener mit sich sein, als wenn Sie nur ein diffuses Gefühl zurückbehalten wie »heute war aber viel«.

4. Kontext und Systembezug

Der vierte Bereich der Professionalität ist die Kenntnis des Einflusses von Umfeldern auf Menschen. Das Umfeld in dem jemand lebt, auch und vor allem das, in dem jemand aufgewachsen ist, bestimmen seine Weltsicht. Es gibt nicht »die« Weltsicht. Jeder Mensch lebt in seiner Welt. 80 Prozent der Kommunikation findet im Empfänger der Kommunikation statt. Was im Empfänger stattfindet, ist durch seine bisherigen Erfahrungen bestimmt, nicht durch das, was der Sender gerade zu senden versucht. Seit der »systemischen Wende« (etwa 1980) haben alle professionellen Veränderungsmodelle zwei Aspekte integriert:

- den Aspekt der Vernetzung jedes einzelnen Menschen in mannigfaltigen Systembezügen (Familie, Firma, Vaterland, ...)
- den Aspekt, dass jeder Mensch aus seiner Selbsterhaltung heraus sich ein Modell über die Welt, die anderen und sich selbst konstruiert.

Der Bezugsrahmen

Den ersten Aspekt hat die Transaktionsanalyse durch ihre letztlich internalisierten Bilder erlebter Beziehungskonstellationen (Eltern-Ich zu Kind-Ich, Skript) und das in Szene setzen dieser Muster durch Transaktionen und psychologische Spiele schon von Anfang an beschrieben. TA ist also per se systemisch (Kreyenberg 2004). Den Aspekt des Konstruktivismus bringt die TA durch das Bezugsrahmenmodell von Schiff et al. (1975) zur Geltung.

> **Definition: Bezugsrahmen**
> Der allgemeine Bezugsrahmen ist die aktuelle Sicht, die ein Mensch von sich, von anderen und von der Welt hat.

Interessant sind hier besonders spezielle Bezugsrahmen, die Menschen zu allen möglichen Fragen ihres Lebens haben, z.B. zum Lernen, zur Erziehung, zu Führung, zu Politik etc. Dieses Einstellungssystem zu einer bestimmten Fragestellung ist äußerst wichtig für die Bezugnahme auf eine solche Frage. Das heißt zum Beispiel: Die Sicht, die ich vom Lernen habe, bestimmt auch mein Lernverhalten. Denke ich etwa, dass man mit 18 Jahren ausgelernt hat, ergibt sich ein anderes Verhalten, als wenn ich der Idee lebenslangen Lernens anhänge. Die Grafik gibt ein Bild für den Zusammenhang des Bezugsrahmens zu anderen Basiskonzepten.

Grafik: Persönlichkeitsausdruck, Grundbedürfnisse, Bezugsrahmen und Skript

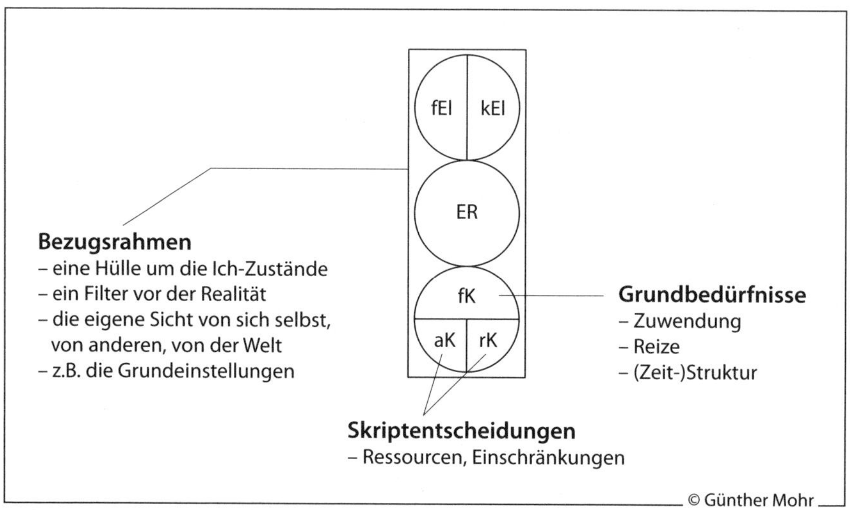

Auf der Ebene des Bezugsrahmens ist das Ziel die Erweiterung der Sicht von Dingen. Bisher rigide und einseitige Bezugsrahmen werden flexibler. Manchmal geht es jedoch auch darum, erst einmal einen Bezugsrahmen zu etablieren, wo bisher keine Position zu einem Phänomen vorhanden war. Als Beispiel kann man hier den Umgang mit E-Mails betrachten. Gerade in Konflikten wird oft deutlich, dass für viele Menschen unklar ist, was eine E-Mail eigentlich bedeutet. Es ist ein schriftliches Dokument, für das man sich früher sehr viel Zeit zum Ausführen und Verschicken nahm. Eine schnell »herausgefeuerte« Antwort kann zu Missverständnissen und Konflikten führen. In der Coachingpraxis muss oft erst einmal der Bezugsrahmen zu dem in der Menschheitsgeschichte recht jungen Kommunikationsinstrument E-Mail entwickelt werden. Sehr ausführlich geht der zweite Teil des Workbooks auf den Kontextbezug Organisation und Unternehmen ein. Hier zunächst ein Beispiel für ein Bezugsrahmen-Interview zu einem beliebigen zu explorierenden Thema. Danach folgt die Betrachtung der Rolle als ein wesentliches kontextverursachtes Handlungs- und Erlebenssystems.

ÜBUNG: Bezugsrahmen-Interview

Das Bezugsrahmen-Interview zu »..................«
(Sag das, was du wirklich denkst und empfindest)

Wie definierst du persönlich »..............«? Was gehört für dich persönlich zu .... dazu?

....

Wie ist deine persönliche Erfahrung mit ....? Welche Bedeutung hat das für dich?

....

Wie findest du persönlich ....? Wie bewertest du ....?

....

Wie siehst du dich im Vergleich zu anderen beim Thema ....? (z.B. eher überlegen, eher mit wenig Emotionen, ...)

....

Gib ein typisches Beispiel für ...., wenn du damit zu tun hast.

....

Welche Muster bei .... sind für dich eher typisch?
Gibt es von letzterem gravierende Ausnahmen?

....

Was charakterisiert dich am meisten beim Thema ....?

....

Was möchtest du an deinem Verhalten in Bezug auf .... ändern?

....

Von wem hast du dein Muster bei ....? Wer ist dir da ähnlich in der Familie?

....

Wer hat dich bezüglich .... am meisten beeindruckt?

....

Kontext Rolle

Eine Rolle ist ein zusammenhängendes Muster aus Denken, Fühlen und Verhalten bezogen auf einen bestimmten Kontext und verbunden mit typischen Beziehungen. Kontext kann eine bestimmte Professionsqualifikation (gelernter Beruf, prägende Weiterbildung etc.), eine Organisationsposition (Freiberufler, Angestellter, Abteilungsleiter, Betriebsrat etc.) oder eine private Beziehungsrolle (Vater, Tante, etc.) sein. So hatte Schmid (1994) das Rollenmodell für drei »Welten« (Organisation, Profession, Privatbereich) formuliert. Für viele Fragestellungen des Zusammenlebens der Menschen in der demokratischen Gesellschaft, wie auch für die Balance des eigenen Lebens, ist der Bereich der Gemeinwesens unbedingt für ein Rollenkonzept zu ergänzen (Mohr 2000; Steinert 2006). Insofern gibt es dann zusätzlich Gemeinwesenrollen (z.B. in Kirche, Politik, Bürgerinitiative). Damit ist jeweils eine spezifische systemische Einwirkung auf den Rollenträger verbunden, die Denken, Fühlen und Handeln betrifft. Man nimmt eine Rolle ein und nach und nach nimmt die Rolle einen ein.

Grafik: Rollenwelten

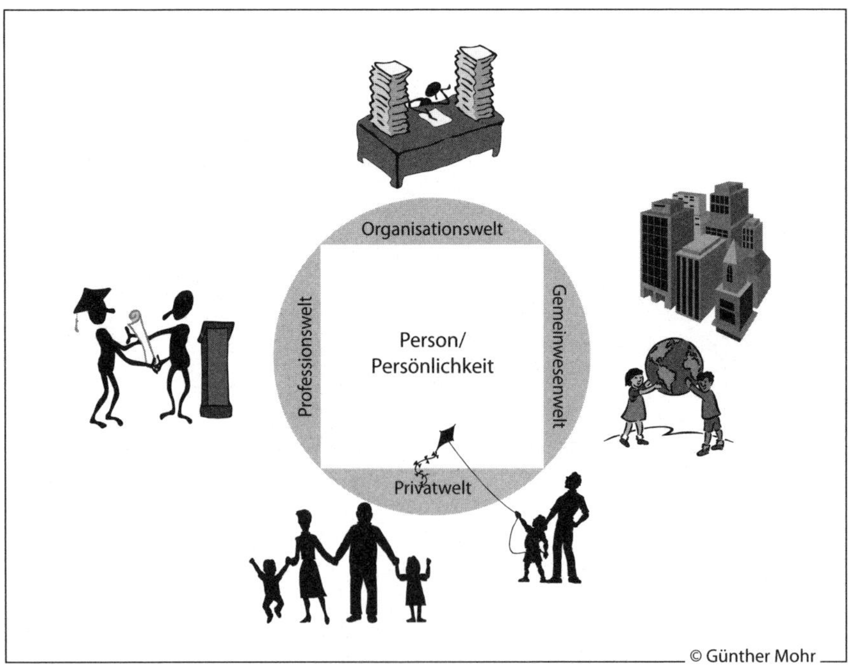

ÜBUNG: Deine Rollenwelten

Befrage dich zu deinen Rollenwelten (Organisationswelt, Professionswelt, Privatwelt, Gemeinwesenwelt). Lass dir dabei insbesondere folgende Fragen beantworten:

»**Welche Rollen** hast du in den unterschiedlichen ›Welten‹?«

- Organisationswelt: ....
- Professionswelt: ....
- Privatwelt: ....
- Gemeinwesenwelt: ....

»Wo gibt es **Reibungspunkte** zwischen einzelnen deiner Rollen?«

....

»Hast du dazu eine weiterführende Idee?«

....

»Welche Rollen möchtest du **mehr entwickeln**?«

....

»Hast du für diese Richtung schon Konkretes auf den Weg gebracht?«

....

»Welchen Rollen möchtest du **weniger** Platz in deinem Leben einräumen?«

....

»Hast du für diese Richtung schon Konkretes auf den Weg gebracht?«

....

Kontext Organisation

Für die aktuelle Einbettung des Einzelnen in den Kontext einer Organisation bietet die in Teil II des Workbooks beschriebene Systemische Organisationsanalyse eine gute Grundlage.

5. Entwicklung und Veränderung

Entwicklung und Veränderung von Ich-Zuständen

Entwicklung und Veränderung geschieht einmal auf der Ebene der »Musterbausteine« der Persönlichkeit, der Ich-Zustände. Sie lässt sich konzipieren als Kreation neuer Ich-Zustände. Der Ich-Zustand lässt sich dabei in der einfachen Dreieck-Variante als Denken-Fühlen-Verhaltens-Gestalt oder noch differenzierter, um den körperlichen Aspekt erweitert als Viereck darstellen.

ÜBUNG: Dein momentanes Verhalten-Denken-Fühlen und dein gewünschtes Muster

Grafik: Verhalten-Denken-Fühlen

Eine Reaktion, die du bei dir verändern willst.
Beschreibe dein **momentanes** Verhalten-Denken-Fühlen!

Fühlen:

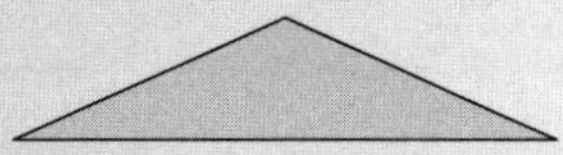

Denken: Verhaltens(impuls):

Beschreibe das von dir **gewünschte** Verhalten-Denken-Fühlen!

Fühlen:

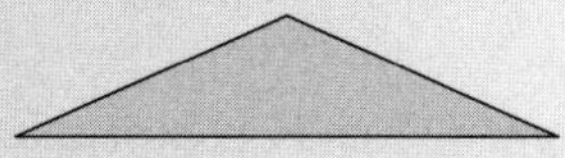

Denken: Verhaltens(impuls):

ÜBUNG: Dein momentanes Verhalten-Denken-Fühlen-Körperempfinden und dein gewünschtes Muster

Grafik: Verhalten-Denken-Fühlen-Körperempfinden

Eine Reaktion, die du bei dir verändern willst.
Beschreibe dein **momentanes** Verhalten-Denken-Fühlen-Körperempfinden!

Fühlen: Körperempfindung:

Denken: Verhaltens(impuls):

Beschreibe das von dir **gewünschte** Verhalten-Denken-Fühlen-Körperempfinden!

Fühlen: Körperempfindung:

Denken: Verhaltens(impuls):

Zur konkreten Entwicklung und Veränderung gibt es dann direkte Zugangswege über das Verhalten, über das Denken oder das Fühlen. Es gibt jedoch auch verschlungene, »hüpfende«, nicht lineare bis hin zu alle drei Zugangsweisen integrierende Wege.

- Direkte Wege über das Verhalten: Verhaltensexperimente, Verhaltensübungen, Rollenspiele.
- Direkte Wege über das Denken: Sich Hintergründe und Zusammenhänge klarmachen und neu entscheiden.
- Direkte Wege über das Fühlen: In ein Gefühl innerlich hineingehen und es sich auflösen lassen (ähnlich der Focusing-Technik von Gendlin) durch Aktion (Bewegung) die Gefühlsspannung abbauen.

Grafik: Wege des Lernen und Veränderns

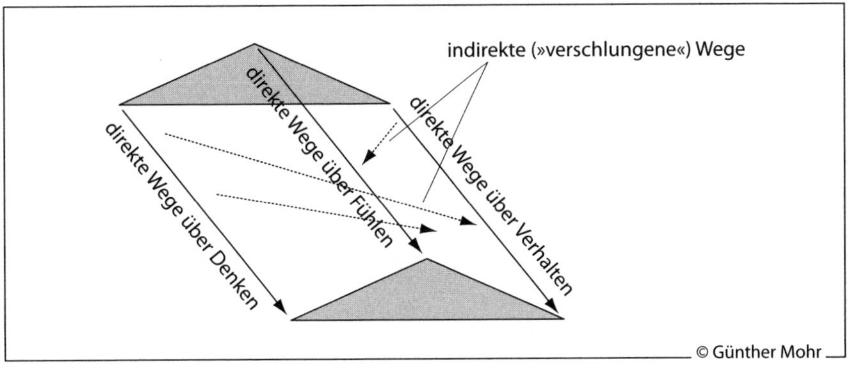

Entwicklung und Veränderung als Stärkung des integrierten Erwachsenen-Ichs

Der englische Transaktionsanalytiker Keith Tudor hat die Vorstellung eines integrierten Erwachsenen-Ichs konzipiert (Tudor 2003). Er hat dieses Erwachsenen-Ich mit positiven Ausdrucksqualitäten belegt: gereift, kongruent, gewahr, autonom, spontan, in vollem Kontakt, nahe, intuitiv, beziehungsbezogen, spirituell, geistvoll, motiviert, reflektiert, kritisch, bewusst, imaginativ und willensstark.

Diese Komponenten der menschlichen Selbstorganisation gilt es im Leben zu stärken und zu entwickeln. Transaktionsanalytische Coachingarbeit besteht wesentlich in der Stärkung dieses steuernden »Organs« im psychischen Organismus des Menschen.

Das Lebensplan-(Skript)Modell

Menschen tendieren dazu, eine logische Geschichte über das von ihnen Erlebte zu erzählen. Alfred Adlers Konzept einer **Lebensleitlinie** folgend hat Eric Berne das Konzept des **Lebensskripts** (Lebensdrehbuch) entwickelt, das neuerdings in dem narrativen Ansatz in der Psychologie wieder eine Fortsetzung findet. Menschen schaffen für ihr Leben eine zusammenhängende Geschichte, ein Skript, das ihnen selbst allenfalls teilweise bewusst ist. So stellt das Skript eine relativ frühe prägende Entscheidung für bestimmte Lebensthemen, Lebensabläufe und Beziehungskonstellationen dar. Es erscheint als ein notwendiger Schritt jedes Menschen, der aus der Struktur unserer Psyche folgt. Wir können nicht allem gegenüber permanent offen und aufgeschlossen sein. Dafür hat unsere Psyche offensichtlich nicht genügend Kapazität und die soziale Umwelt ist dafür oft zu komplex.

Der geniale Grundgedanke des Skriptes ist, dass sich Menschen in ihren prägenden Jahren einen Grundreim aufs Leben machen. Dieser Reim aufs Leben ist individuell und er beinhaltet die wesentlichen Themen, mit denen dieser Mensch sich im Leben beschäftigen wird, die wesentlichen Typen von Beziehungspartnern, die er anlockt und sogar mögliche Formen des Lebensendes. Manche werden jetzt sagen, dann ist ja alles schon vorbestimmt? Aber das Skript ist änderbar.

Grafik: Das Skript

Eric Berne übernahm die Vorstellung, dass man das Leben eines Menschen so betrachten kann, als laufe es nach einem bestimmten Muster ab wie nach einem unbewussten »Lebensplan«: dem **Skript**.

Die Theatermetapher: Das Script beschreibt das Leben wie eine Rolle im Theater. Es gibt Rollen aus dem Drama, aus der Tragödie, aus der Komödie, aber auch Rollen ohne besondere Ausprägungen

Die Skriptanalyse, die auch im Coaching sehr viel Sinn macht, betrachtet daher spezielle für einen Menschen sehr charakteristische Muster aus Einstellungen, Fühlen und Verhalten. Es ist eine individuelle grundsätzliche Perspektive auf das Leben. Kultur, Familie, eigene Anlagen nehmen ebenfalls Einfluss auf die Tönung dieses Instrumentes, mit dem ein Mensch dann durch das Leben geht und das nach Bestätigung seiner selbst sucht. Die Entscheidung für dieses Lebensdrehbuch wird aus Sicht der TA aufgrund der altersspezifischen inneren Entscheidungsprozesse, d.h. auch der kindtypischen Informationsverarbeitung wie magischem Denken, Identifikation mit Märchengestalten etc. gefällt. Dies macht viele illusionären Vorstellungen, Hoffnungen und Ängste von Menschen nachvollziehbar. Das Skript beruht bei der äußeren Stimulans des

Kindes sehr stark auf dem nonverbalen Verhalten, der Stimmung der Eltern dem Kind gegenüber.

Grafik: Skript-Matrix

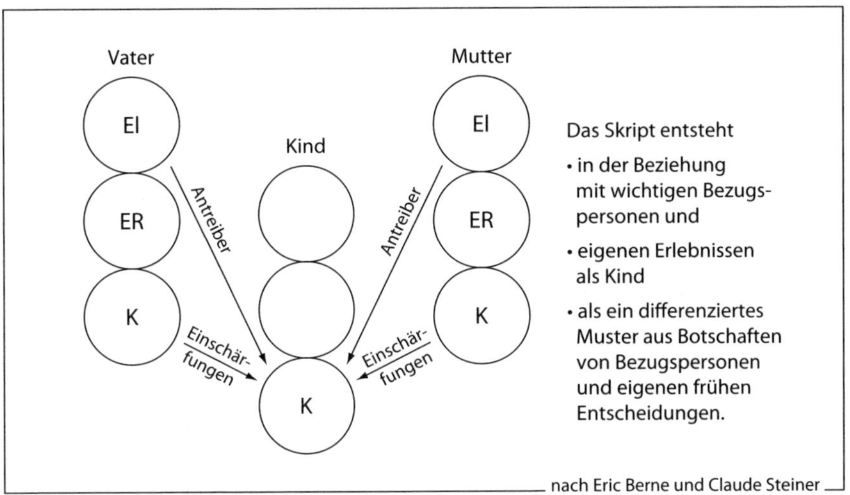

nach Eric Berne und Claude Steiner

In der Skriptmatrix werden Einflussfaktoren des Skripts thematisiert. Aus den entsprechenden Ich-Zustandssystemen (Eltern-Ich=El; Erwachsenen-Ich=ER; Kind-Ich=K) von Vater und Mutter werden Impulse für die Skriptkreation des Kindes gegeben. Und zwar sind dies so genannten ›Einschärfungen‹. Darunter versteht man von den Eltern kommende Impulse, die man sehr früh und emotional aufgeladen und somit wesentlich erlebt hat. Dies kann die emotionale Tönung sein, die ein Elternteil in die Beziehung bringt (»Die Mama ist immer etwas depressiv«) oder auch bei Zuschreibungen (»Du bist leider so ein Tollpatsch«) mit entsprechendem Nachdruck. Atmosphärische Übermittlungen und auch Zuschreibungen können natürlich zwischen Elternteilen auch sehr variieren, was unter Umständen später zu wechselnden Selbstbildern führt.

Auf dem Hintergrund unserer eigenen körperlichen, intellektuellen, bedürfnisbezogenen und sozialen Grundbedingungen machen wir uns das Bild vom Leben. Der kleine Geist des Menschen macht sich einen Reim auf die große Welt. Das Skript ist dann:

- Konzentrierter Spezialisierungspool
- Gewohnheitsmuster
- Notprogramm

Konzentrierter Spezialisierungspool

Es sind die wesentlichen Schlussfolgerungen, die wir daraus ziehen, wie das Leben sich uns als Kind präsentiert hat und aus späteren, gravierenden Erfahrungen. Insofern ist das Skript sogar als ein deutlich positiver Ressourcenpool zu verstehen, wie es Fanita English in ihrem umfassenden Skriptbegriff (English 2008) und Bernd Schmid mit seinem Konzept der **seelischen Leitbilder** (Schmid 2004) postuliert haben. Schaut man auf die Ressourcenseite, die uns die Lebenssituationen gewähren, das heißt auf die Lernprozesse, die wir jeweils ermöglicht bekommen, besitzt jeder Mensch eine große Erfahrung an gelösten Lernaufgaben. Milton Erickson, der wohl beste praktische Psychotherapeut des 20. Jahrhunderts, hat auf diesen Aspekt in seiner Arbeit mit Menschen immer wieder hingewiesen und Menschen bei ihren aktuellen Aufgaben im Erwachsenenleben auf die Kraft der schon gelösten Aufgaben zurückgeführt.

ÜBUNG: Begegnung mit Personen

Begegnungs-personen	Eltern-generation	Frühere Generationen	Spätere Bezugspersonen	
Wer war wichtig oder ist wesentlich in Erinnerung?				
Was gelernt (übernommen oder kompensiert)?				
Wie umgesetzt heute (z.B. in beruflicher Hinsicht)?				

ÜBUNG: Ereignisse und Erfahrungen

Nenne mindestens fünf Ereignisse oder Erfahrungen, die dein Leben beeinflusst haben.

Notiere hinter den Ereignissen/Erfahrungen, was du über dich gelernt hast.

ÜBUNG: Innere Leitbilder – Selbsterkundung zu eigenen Leitbildern und professionellen Szenen nach Bernd Schmid (2004)

1. Sammle assoziativ innere Bilder und Erlebnisse aus folgenden Bildquellen, die Leitbilder für dich sein könnten:
   - Kindheit –Berufsideen und Bilder von Personen; z.B. Was wolltest du als Kind werden?

     ....

   - Bilder von Personen aus der vorherigen Generationen (z.B. Mutter, Vater, Onkel, Tante)

     ....

   - Bilder von Personen der vorvorigen Generationen (z.B. Opa, Oma, deren Geschwister):

     ....

   - Schlüsselerlebnisse:

     ....

   - Erzählungen und Mythen:

     ....

   - Träume und Phantasien:

2. Suche drei wesentliche Bilder aus:

   ....

3. Angenommen diese Bilder wären verfilmt worden und diese Filme liefen im Kino gegenüber, was hinge als charakteristisches Bild in den Schaukästen und was würden Spaziergänger, die vorbeikommen, dazu sagen?

   ....

4. Gibt es aus diesen Sätzen bestimmte Quintessenzen oder ein gemeinsames oder verbindendes Motto?

   ....

   Finde heraus, welche Gestaltungselemente der Bilder/Erlebnisse sich in beruflichen Szenen aus deinem Leben (wenn auch in verwandelter Form) wieder finden lassen.

Diese grundlegende Sicht von uns selbst, von anderen und der Welt ist einerseits ein Selbstbild, das wir von da an zu bestätigen versuchen. Andererseits ist es eine Spezialisierung und eine Individualisierung im Sinne unserer individuellen Note. Insofern ist dieser Spezialisierung später auf die Spur zu kommen. Denn sie ist oft vorbewusst bis unbewusst. Vorbewusst meint, dass sie relativ schnell in die bewusste Aufmerksamkeit kommen kann. Unbewusst meint, dass es ein intensiverer Prozess sein kann, die Skriptressourcen frei zu legen.

Gewohnheitsmuster

Das Skript nimmt dann wesentlichen Einfluss auf unsere Gewohnheitswirklichkeit (Schmid 1994). Zunehmend wird es zum Filter der Wahrnehmung und Bewertung der Situationen, die wir erleben. Der Wahrnehmungsapparat ist schon ein Bewertungsapparat. Es gibt in unserem normalen Alltagsfunktionieren keine reine Wahrnehmung, wie man sie theoretisch als Verhaltensbeobachtung konzipieren könnte. An dieser Stelle unterscheidet sich die systemische Transaktionsanalyse von der Gestalttherapie, die die populäre Idee vertritt, Wahrnehmung sei von Interpretation zu unterscheiden. Nach heutigem Stand des Wissen über kognitive Prozesse ist dies problematisch. Alles Wahrnehmen unterliegt schon einem Bewertungsprozess.

Dies sind oft gelernte Bewertungs-Gefühls-Kombinationen, im problematischen Falle auch »lieb gewonnene« Stimmungen oder Ersatzgefühle, »Rackets« wie sie in der Transaktionsanalyse auch genannt werden. Zum Teil begeben wir uns nur noch in die Situationen hinein, die wir im Sinne unserer Gewohnheitsmuster kennen, die uns vertraut sind. Diese Muster werden oft, wenn sie problematisch sind, auch »psychologische Spiele« genannt. Aber genauso kann man auch positive Muster beschreiben und trainieren.

Es begegnen sich auch die Konzepte Skript und Bezugsrahmen. Der Bezugsrahmen ist in der allgemeinen Definition die aktuelle Sicht von mir selbst, von anderen, von der Welt. In der Praxis sind oft die Bezugsrahmen zu speziellen Begriffen interessant wie zu Arbeit, Lernen, Führung etc. Für den allgemeinen und auch die speziellen Bezugsrahmen sind die frühen Lebensentscheidungen mit ihren oft durchlaufenen Wiederholungsschleifen ein wichtiger Hintergrund. Oft wird hier der Bezugsrahmen vom Skript durch den Abwertungsgrad (Def. = Ausblendungsgrad von Aspekten der Realität) unterschieden. Im Bezugsrahmen würde man die Ausblendung als nicht so gravierend bezeichnen.

Für den Anwender in Beratung, Führung, Pädagogik und Therapie ist das Bewusstsein über die eigenen wiederkehrenden Themen und ihre Wertung (Annahme, Änderungsbedarf) ein wesentliches Kompetenzmerkmal. Eine schöne Übung an dieser Stelle ist die Frage, wie sich die von einem Menschen erzählte Geschichte in seiner bevorzugten Literatur widerspiegelt. Wir lesen gerne unsere eigene Geschichte.

ÜBUNG: Skriptmanifestierung – Drei-Geschichten-Methode nach Fanita English

1. Dein Lieblingsmärchen als Kind: Beschreibe kurz das Märchen.

   ....

2. Dein Lieblingsbuch als Jugendlicher: Beschreibe kurz die Geschichte.

   ....

3. Ein Buch, das dich in den letzten drei Jahren sehr beeindruckt hat: Beschreibe kurz die Geschichte.

   ....

Nun kann man wesentliche Themen und Gemeinsamkeiten der drei Geschichten herausfiltern und mit den eigenen Lebensthemen vergleichen.

Notprogramm

Jedes Skript enthält auch die Entscheidung für das Verhalten in Not- und Stresssituationen. Dies ist der Skriptbegriff, der oft vorwiegend in der klinisch-transaktionsanalytischen Tradition verwendet wird, im Sinne einer schlecht angepassten Reaktion für aktuelle Hier-und-Jetzt-Erfordernisse. Das Notprogramm ist oft mit rigiden Einstellungen und unflexiblen Handlungsweisen verbunden. Dann schützt man sich und seine Bedürfnisse gegenüber Überlastung. Man nutzt das, was man dazu schon früh gelernt hat, so als ob nur das zur Verfügung stünde, was der Möglichkeitswelt des Kleinkindes zur Verfügung steht.

Das erzeugt manchmal unangenehme Gefühle. »Ich merke, ich gehe ins Skript« hört man dann transaktionsanalytisch geschulte Leute sagen. In Stresssituationen überdrehen Menschen oder machen sich sogar handlungsunfähig, indem sie die einfachsten Aktivitäten wie in Gemeinschaft mit anderen gehen, sich von anderen trösten lassen, nicht mehr nutzen. Die Grundbedürfnisse nach Berne und die Triebkräfte nach English werden nicht mehr angemessen zu erfüllen gesucht.

In der klinischen Praxis wurden auch so genannte »Notausgänge« betrachtet, extreme Verhaltensweisen mit dem Leben umzugehen. Aber selbst beim Notausgang Suizid gilt: Kein Mensch will sich beispielsweise als Körper umbringen. Es geht dann »lediglich« um das »Nicht-mehr-ertragen-Können« eines bestimmten Bildes, das man von sich hat oder das man befürchtet. Der Mensch hat dann den Zugang zu seiner eigentlichen Quelle verloren und wird nur von einschränkenden Skriptbildern beeinflusst.

Grundthemen für Skriptbotschaften und Skriptentscheidungen

Thema	Negative Einschärfung	Erlaubnis
Existenz	Sei nicht!	Du bist willkommen. Wir freuen uns, dass es dich gibt.
Eigenart	Sei nicht du selbst!	Du darfst deine Eigenart haben.
Zugehörigkeit	Gehöre nicht dazu!	Du gehörst zu uns.
Geschlechts-identität	Sei kein Mädchen! Sei kein Junge!	Du darfst ein Junge/ ein Mädchen sein. Wir freuen uns über dich.
Kindsein	Sei kein Kind!	Du darfst Kind sein!
Erwachsenwerden	Werde nicht erwachsen!	Du darfst erwachsen werden.
Gesundheit	Sei nicht gesund!	Du darfst gesund sein!
Fühlen	Fühle nicht!	Du darfst Gefühle haben und sie zeigen und äußern.
Denken	Denke nicht!	Du darfst denken und Lösungen finden.
Handeln	Tu nichts!	Du darfst handeln und Dinge umsetzen!
Bedeutung	Sei nicht wichtig!	Du bist wichtig.
Nähe	Sei nicht nahe!	Du darfst Nähe leben und genießen.
Erfolg	Schaff's nicht!	Du darfst erfolgreich sein. Habe Erfolg mit dem, was du tust.

nach Robert und Mary Goulding

ÜBUNG: Zusammenfassende Fragen zum »Lebensskript«

1. Charakterisiere dich als Kind mit fünf Eigenschaften? Gehe vor deinem inneren Auge zurück in die Zeit, als du ein Kind warst (0-8 Jahre). Wie warst du?

   ....

2. Charakterisiere deine Mutter in der Zeit, als du ein Kind warst, mit fünf Eigenschaften! Wie war sie damals?

   ....

3. Charakterisiere deinen Vater in der Zeit, als du ein Kind warst, mit fünf Eigenschaften? Wie war er damals?

   ....

4. a) Was war das Hauptgebot deiner Mutter an dich? Wie solltest du sein?

   ....

   b) Was war das Hauptverbot deiner Mutter an dich? Was solltest du auf keinen Fall tun?

   ....

5. a) Was war das Hauptgebot deines Vaters an dich? Wie solltest du sein?

   ....

   b) Was war das Hauptverbot deines Vaters an dich? Was solltest du auf keinen Fall tun?

   ....

6. Dein Lieblingsmärchen als Kind: Beschreibe kurz das Märchen.

   ....

7. Dein Lieblingsbuch als Jugendlicher: Beschreibe kurz die Geschichte.

   ....

8. Ein Buch, das dich in den letzten drei Jahren sehr beeindruckt hat: Beschreibe kurz die Geschichte.

   ....

9. Was sollte einmal auf deinem Grabstein stehen? Welchen Spruch wünschst du dir?

   ....

10. Was werden andere Leute einmal nach deinem Tod über dich sagen?

   ....

11. Charakterisiere dich heute mit fünf Eigenschaften.

   ....

nach Heinrich Breuer, Milton Erickson Institut Köln

Die Mehrgenerationen-Perspektive

Viele Familienforscher (Boszormenyi-Nagy und Spark, Hellinger, Weber) gehen heute sogar von einem Mehrgenerationenansatz aus. Die dabei angenommene Gleichgewichtstendenz von Familien- bzw. Sippensystemen beinhaltet die Vorstellung, dass immer wieder bestimmte Rollen zu besetzen sind. Wenn beispielsweise in einer Familie ein Unrecht geschehen ist, eine Person wurde ausgestoßen oder etwas ähnliches, kann ein Kind unbewusst die Rolle dieser Person übernehmen oder versuchen, das Unrecht wieder gutzumachen. Es kann auch sein, dass ein »schwarzes Schaf« in der Familie, über das die Erwachsenen immer nur hinter vorgehaltener Hand sprechen, zur interessanten Identifikationsfigur für das Kind wird.

Das Delegationsprinzip in Familien (Stierlin 1992) lässt sich für grundsätzliche berufliche Rollenausrichtungen betrachten.

ÜBUNG: Mehrgenerationen-Perspektive

Was haben die Leute in deiner Familie beruflich gemacht?

....

Welche **Organisationsrollen** hatten/haben die Familienmitglieder? (z.B. angestellt oder Unternehmer/Freiberufler/Bauern; Vorgesetzter – »Untergebener«; ...)?

....

Welche **Professionsrollen** (berufliche Ausbildungen, Qualifikationen, Kenntnisse) hatten/ haben die Leute in deiner Familie?

....

Gab es **Gemeinwesenrollen** (politische, kirchliche, ...), in denen die Menschen Beiträge zur Gesellschaft liefer(te)n?

....

In die folgende Grafik kannst du die Ergebnisse eintragen und nach Verbindungen und wiederkehrenden Mustern sowie nach für dich ins Auge springenden Personen schauen.

Grafik: Mehrgenerationen-Perspektive

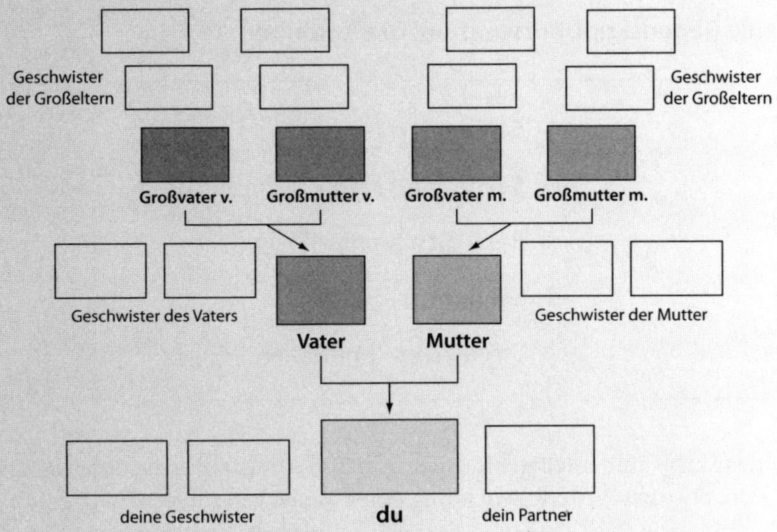

Geschwister der Großeltern

Geschwister der Großeltern

Großvater v. **Großmutter v.** **Großvater m.** **Großmutter m.**

Geschwister des Vaters

Vater **Mutter**

Geschwister der Mutter

deine Geschwister

du

dein Partner

Das Gegenskript der Antreiber

Eine interessante Ebene des Skriptes, die später als die frühen Einschärfungen angeboten wird, sind so genannte Antreiber, auch Gegenskriptbotschaften genannt. Sie geben Ratschläge, wie man sich bei empfundenen Stress- und Unbehaglichkeitssituationen verhalten soll.

Grafik: Gegenskript-Botschaften: Die Antreiber

- **Sei (immer) perfekt!**
- **Sei (immer) stark!**
- **Beeil dich (immer)!**
- **Sei (immer) gefällig!**
- **Streng dich (immer) an!**

Für das Skript sind intelligente Lösungen und Alternativen erforderlich. Hier liegt die positive Weiterentwicklung eines Menschen im Bewusstwerden der bisher unbewusst lenkenden Skriptanteile und in der entschiedenen Entwicklung eines Lebensstils, der gleichzeitig sorgsam mit den eigenen früheren Lebensprägungen umgeht und für heute angemessene autonome Reaktionen beinhaltet.

Hilfreiche Fragebögen zu den Antreibern gibt es von Kälin und Müri (1998) sowie von Jutta Kreyenberg (2003).

ÜBUNG: Die Wurzel deiner Antreiber

Ein Beispiel	In wieweit hat dein Vater dir vorgelebt?	In wieweit hat dein Vater dir hier Anweisungen gegeben?	In wieweit hat deine Mutter dir vorgelebt?	In wieweit hat deine Mutter dir hier Anweisungen gegeben?	Einschätzung der Relevanz für dich (weicht vom Durchschnitt ab)
Sei perfekt	60 %	50 %	30 %	100 %	80 %
Sei stark	80 %	30 %	100 %	70 %	35 %
Beeil dich	–	–	60 %	70 %	30 %
Machs recht	60 %	30 %	60 %	100 %	62,5 %
Streng dich an	60 %	–	100 %	60 %	60 %

Gib nun deine Prozentzahlen an!

	In wieweit hat dein Vater dir vorgelebt?	In wieweit hat dein Vater dir hier Anweisungen gegeben?	In wieweit hat deine Mutter dir vorgelebt?	In wieweit hat deine Mutter dir hier Anweisungen gegeben?	Einschätzung der Relevanz für dich (weicht vom Durchschnitt ab)
Sei perfekt					
Sei stark					
Beeil dich					
Machs recht					
Streng dich an					

6. Professionsmethoden

Der sechste Bereich der Professionalität ist der Einsatz und der Umgang mit spezifischen Professionsmethoden. Dabei ist die Transaktionsanalyse auch und gerade unter der systemischen Perspektive erkenntnisorientiert. Transaktionsanalytisches Arbeiten soll Bewusstheit und Erkenntnis fördern.

Der Vertrag

Zu Beginn einer Beratung, eines Coachings oder eines Seminars steht ein Vertrag. Er formuliert das Ziel, auf das Coach und Klient oder Seminarleiter und Teilnehmer hinarbeiten wollen. Außerdem enthält er die zeitlichen und finanziellen Modalitäten des Coachings, der Beratung oder des Seminars. Der Kontrakt enthält nicht nur formale, sondern schon entscheidende beraterische Intervention, durch die dem Klienten Angst genommen wird und seine aktive Mitarbeit klar festgelegt wird.

Zum Kontrakt gibt es ausführliche TA-Literatur. Vom Kölner Transaktionsanalytiker Fritz Mautsch liegt in den »Coaching-Tools« von Christopher Rauen hier einen Überblicksartikel vor (Mautsch 2004), ebenso von Bernd Schmid im »Systemischen Coaching« (2004).

Die grundlegenden Techniken

Zur Beratung kann der Coach die acht Basistechniken nach Eric Berne nutzen. Die ersten vier nennt Berne Interventionen, die zweiten vier Interpositionen (Berne 2005, 210). Im übertragenen Sinne bekommt der Berater mit den Interventionen »einen Fuß in die Tür«, wie mir einmal der Stuttgarter Transaktionsanalytiker Schorsch Willms sagte. Mit den Interpositionen wird etwas so positioniert, dass die Rückkehr in ungeeignete alte Muster nicht mehr so einfach möglich ist.

Grafik: Die acht grundlegenden Techniken

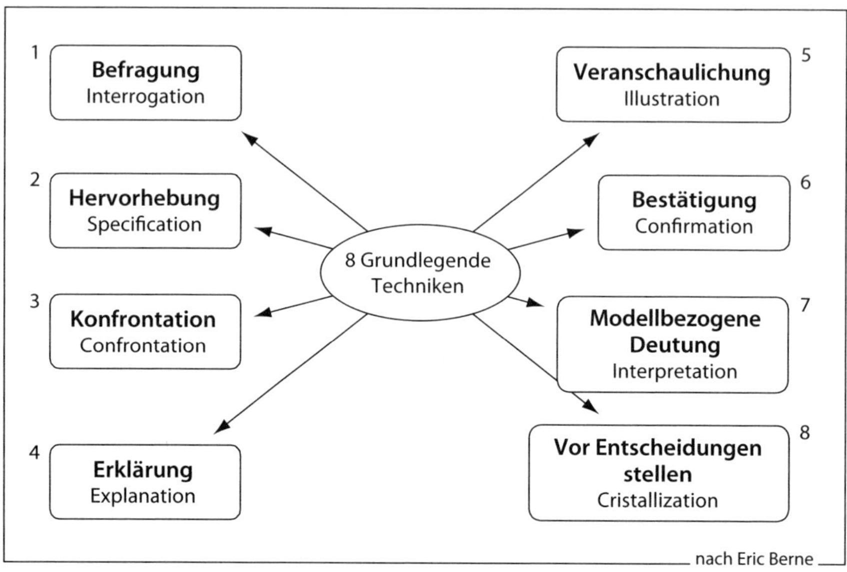

Die acht beraterischen Techniken sind flexibel einsetzbar und zeigen sich in den einzelnen Phasen des Coaching in unterschiedlichen Einzelinterventionen:

Tabelle: Beispiele zur Anwendung der Beratungstechniken beim Thema Führung

1. Befragung
   »Was ist genau das Problem mit Mitarbeiter XY?«
2. Hervorhebung
   »Sie sagen, dass Ihnen die Herausforderung hier zu hoch gesteckt ist.«
3. Konfrontation
   »Einerseits erwarten Sie überdurchschnittliche Leistungen, andererseits wollen Sie dies nicht honorieren.«
4. Deutende Erklärung
   »Aufgrund Ihrer Erfahrung haben Sie Angst Fehler zu machen. Stimmt's?«
   »Seitdem Sie in Scheidung leben, hat Ihre Leistung stark nachgelassen. Sehen Sie das?«
5. Veranschaulichung
   »Ihre Erklärung wirkt mehr wie ein großes Gesamtgemälde als eine Skizze des Wesentlichen.«
   »Ihre ganzheitliche Beratung wirkt wie ein Fünf-Sterne-Menü.«
6. Bestätigung
   »Es fällt mir auf, dass schon wieder die Kunden nicht auf unsere Produkte angesprochen werden.«
   »Sie haben schon wieder Ihr Zeitziel deutlich überschritten.«
7. Deutung in Bezug auf Professionspersönlichkeit
   »Sie lassen sich durch Ihr Verhaftetsein in der Kollegenrolle ausnutzen, anstatt in die Führungsrolle zu gehen. Wie sehen Sie das?«
   »Sie versperren sich wichtige Abschlussmöglichkeiten, durch ihre sich abwendende Körperhaltung.«
8. Kristallisation
   »Was wollen Sie mit dem Besprochenen tun, um Ihr Vorhaben zu erreichen?«
   »Wie wollen Sie das Gelernte umsetzen?«

Der Verlauf eines Coachings

Der Neuseeländer Gordon Hewitt hat ein sehr hilfreiches Phasenmodell zum Verlauf von Coachings beschrieben (Hewitt 1995; Hewitt 2003).

Grafik: Coaching und Beratung

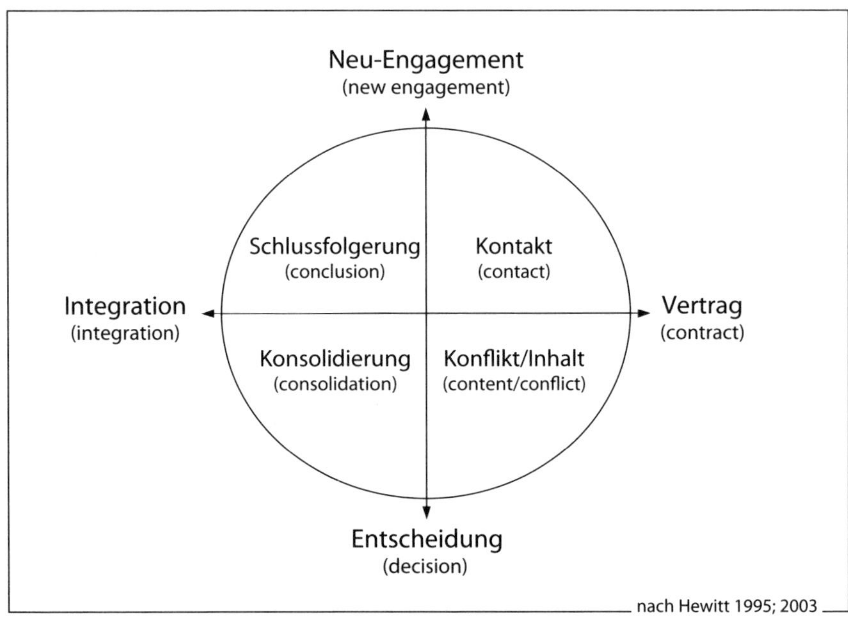

nach Hewitt 1995; 2003

In diesem Modell kann man für die verschiedenen Phasen spezifische Interventionsideen entwickeln.

Coaching beginnt mit der Kontaktphase. Diese gelingt, wenn ein Vertrag (Kontrakt) im Sinne einer Vereinbarung über das Ziel und die Vorgehensweise getroffen ist. Bei den Verträgen gibt es ein weites Feld, das auch Situationen einschließt, die als »weicher« Vertrag (wenig konkret, noch nicht ausreichend Verantwortung zuweisend und abgrenzend) bezeichnet werden. Hier einige Interventions- und Sprachfiguren für diese Phase.

Tabelle: Coaching-Interventionen in der Kontaktphase

Stadium Kontaktphase	Beispielhafte Sprachfiguren
1. Kleiner Kontrakt	»Bevor wir anfangen, würde ich gerne mit Ihnen über unser Vorgehen sprechen. Ist das o.k.?«
2. Rollendefinition	»Sie haben ein Anliegen für ein sachliches (professionelles) Problem. Ich bin in der /gehe in die Coach-Rolle in dem Sinne, dass ich mit Ihnen zusammen erst einmal den Stand der Dinge und ihre eigenen Lösungsideen betrachte. Gegebenenfalls habe ich einige Anregungen, die ich dann nennen möchte. Ist das für Sie o.k.?«
3. Momentaner Stand (Vertragsvorbereitung)	»Bevor wir beginnen, lassen Sie uns schauen, wo Sie in der Entwicklung Ihrer professionellen Rollen und Aufgaben zurzeit stehen?«
4. Entwicklungsstand (Vertragsvorbereitung)	»Wo stehen Sie auf Ihrem Lernweg bei dieser Fragestellung? Erstes Drittel? Mittleres Drittel? Drittes Drittel?« »Da könnte ja diese Fragestellung jetzt gut passen?«
5. Rahmen- und Ergebnisbestimmung (Vertragsvorbereitung)	»Wir haben eine Stunde Zeit. Wo wollen Sie gerne hinkommen? Was sollte das Ergebnis sein?«
6. Die Ziele erfragen	»Was sind Ihre Fragen in diesem Fall?« »Was sind Ihre Lernanliegen in Bezug auf diese Situation/ diesen Fall?« »Was sind Ihre Lernanliegen in Bezug auf Sie selbst?«
7. Unterstützungsform	»Wie kann ein anderer Mensch, z.B. ich jetzt, Sie dabei unterstützen?« »Was ist normalerweise eine gute Unterstützung für Sie durch andere?« »Was kann ich für Sie dabei tun?«
8. Konfrontationsvertrag	»Ist es auch in Ordnung, wenn ich Dinge thematisiere, die mir auffallen und bei denen ich einen Korrekturbedarf sehe?«
9. Vertragsangebot prüfen	»Finde ich klasse, dass Sie sich das anschauen? Da folge ich Ihnen gerne.« (wenn der Fokus stimmig erscheint) oder: »Ich habe jetzt eine Wahrnehmung, die möchte ich gerne mit Ihnen klären, bevor wir an die Umsetzung

	Ihres Anliegens gehen. Also mir ist aufgefallen, dass …« (wenn der Fokus nicht stimmig erscheint)
11. Vertragsausweitung	»Was werden Sie machen, wenn Sie eine Klärung haben?" (wenn z.B. lediglich ›Klärung‹ als Anliegen formuliert war)
12. Mögliche Vertragsinhalte hervorheben/bestätigen	Also es geht Ihnen um … Also unser Arbeitsziel hier ist … • Ausarbeitung einer klaren Problemdefinition • Herausfinden von Parametern, die relevante Aspekte steuern, begründen oder verknüpfen • Wertung, Auswertung von Problemlösungsideen durch mich • Sammeln neuer Problemlösestrategien • Klärung einer Emotion, die Sie überrascht (Aufregung, Ärger, Furcht oder Misserfolgsangst, …) • Expertenfeedback zu einem professionellen Konzept oder einer Präsentation • Anerkennung, Ermutigung bekommen.

Danach folgt die Bearbeitung des Inhaltes, Hewitt nennt sie Konfliktphase, weil man streng genommen die meisten im Coaching vorkommenden Themen als Konflikt sehen kann. Entweder unterscheiden sich Ist- und Sollvorstellung, oder verschiedene Wege konkurrieren miteinander. Insofern ist die Konfliktmetapher hilfreich. Diese Phase gelingt, wenn eine Entscheidung für einen spezifischen Fokus getroffen werden kann. Dies kann eine bestimmte Problem- oder Lösungshypothese sein, die nun näher beleuchtet wird. Es kann aber auch schon die Entscheidung für ein bestimmtes Vorgehen sein. Beispiele für Coaching-Interventionen in der Inhaltsphase (content phase).

Tabelle: Coaching-Interventionen in der Inhalts- oder Konfliktphase

Stadium Inhaltsphase	Sprachfigur
1. Einschätzungsfragen	»Ich möchte gerne Ihre eigene Einschätzung hören? In welchem Bereich bewegen sich mögliche Einschätzungen?«
2. Optionenfrage/-vertrag	»Was ist Ihre Idee? Wie prüfen Sie Ihre Idee?«
3. Hervorhebung	»Sie sagen, dass Sie da eine innere Sperre spüren.«

4. Bisheriges Denken	»Wie haben Sie das bisher reflektiert?«
5. »Benachbarte« Sichtweisen	»Wie sehen andere / der Gegenüber / der Chef das Thema?«
6. Fragen zur Konzeptbildung	»Was ist denn Ihr Modell, wie Sie sich an der Stelle steuern?«
7. Erklärung	»Da haben Sie eine Menge Stress gehabt und in dem Moment den Kunden vergessen?«
8. Veranschaulichung	»Kann man sagen, dass Sie in Ihrem Team zu defensiv sind, wie eine Fußballmannschaft, die nur vermeiden will, ein Tor zu kassieren, einen Fehler zu machen?«
9. Bei einem isolierten Aspekt	»Sehen Sie da eine Verbindung? Könnte da eine Verbindung sein?«
10. Bestätigung	»Es fällt mir hier wie vorhin wieder auf: Wenn Sie sich die Zeit zum Planen nehmen, sind Sie sehr erfolgreich.«
11. Verbindung zu übergeordnetem Lernziel	»Wie passt das zu Ihren aktuellen Lernschritten?«
12. Bei sehr viel Reden/ Denken	»Wie geht es Ihnen gefühlsmäßig dabei?«
13. Bei sehr viel Gefühl, hoher Intensität	»Das ist ja sehr mitnehmend. Man fühlt da mit.« (Für den Coach ist es wichtig, da nicht im Inhalt zu versinken.) »Wie ist denn Ihre Reaktion darauf?«
14. Der Ist-Zustand als Lösung	»Wenn es so bleibt, wie es ist, wie geht das aus?« »Wie geht es weiter, wenn sich da nichts bewegt?«
15. Bei zwei unterschiedlichen Polen	»Wenn Sie die beiden Positionen mal zu Wort kommen lassen?«
16. Verschlimmerungsfrage	»Wie könnte man oder was könnte den aktuellen Zustand verschlimmern?«
17. Bei zuviel Verhalten	»Was ist Ihr Steuerungskonzept hier? Welche Auswirkungen hat Ihr Verhalten? Wie zufrieden sind Sie damit?«
18. Schaden?	»Sehen Sie da für irgendjemanden eine Gefahr?«

19. Rollenpositionierung: Expertenrolle	»Ist es o.k., wenn ich da mal über meine Erfahrung spreche?«
20. Deutung in Bezug auf Professionspersönlichkeit	»Sie lassen sich durch Ihre Hilfsbereitschaft ausnutzen. Sehen Sie das auch so?«
21. Fokusverschiebung	»Wenn Sie mal sich selbst als Person in Ihrer Entwicklung damit in Verbindung sehen?« »Wenn Sie mal Ihre Rolle als Leiterin hier als Perspektive ansetzen?« »Wenn Sie mal Ihr professionelles Lernen hier in Verbindung bringen?«
22. Reframing	»Wenn Sie das Ganze mal in einem anderen Zusammenhang sehen …?« »Gibt es noch einen anderen Reim, den man sich auf diese Situation machen könnte?«
23. Fragen zu Leitideen	»Mit welchen Leitideen haben Sie sich im Prozess gesteuert?«
24. Fragen zum Steuerungsprozess	»Welches Konzept steuert Sie da?«
25. Parallelprozess	»Sehen Sie einen Parallelprozess? Etwa wenn Sie mit Ihrem Mitarbeiter auf einmal in die gleiche Problematik kommen, wie er sie mit seinem Kunden hatte.«
26. Fragen zur Übertragungsbeziehung	»Gibt es irgendetwas, das auf die Übertragung anderer (früherer) Beziehungserfahrungen auf die jetzige Situation schließen lässt?«
27. Fokusdisziplin	»Lassen Sie uns mal an dem Punkt bleiben.« »Ich möchte gerne zu dem Punkt kommen.«
28. Schlussfolgerung/ Kristallisation	»Wenn Sie daraus jetzt einmal einen Punkt heraus nehmen, welcher wäre das?«
29. Entscheidung	»Wenn Sie sich jetzt mal zwischen den (beiden) Punkten entscheiden?«

Nun folgt die Konsolidierungsphase, in der die ins Auge gefassten Entscheidungen konkretisiert und untermauert werden. Dadurch findet, wenn es weiter gelingt, eine Integration der Entscheidung statt.

Tabelle: Coaching-Interventionen in der Konsolidierungsphase

Stadium Konsolidierungsphase	Sprachfigur
1. Konkretisierung	»Wenn Sie bei dem gewählten Betrachtungspunkt / der gewählten Richtung jetzt mal weiterdenken, was bedeutet das?« »Wenn Sie einmal die jetzt betrachtete Entscheidung konkret machen, was heißt das konkret?«
2. Handeln	»Welche Konsequenzen für Ihr Handeln hat der gewählte Fokus?«
3. Fragen zum Hauptfokus	»Welchen Hauptfokus sehen Sie, der hier zu bearbeiten/weiterzuentwickeln ist?«
4. Öko-Check	»Wenn Sie die gewählte Richtung mal prüfen, wie die Umwelt darauf reagiert, was fällt Ihnen dazu ein?«
5. Noli nocere – nur nicht schaden	»Wie kann sich das, was Sie tun, schädigend auf andere auswirken bzw. auf Sie selber?«
6. Modelling	»Wie sehen Sie die Modellwirkung für die Gruppe?«
7. Wahl der Rollen?	»Wie beziehen Sie sich aus den unterschiedlichen Rollen (Suchbegleiter, Prozessbegleiter, Experte, ...) auf den Mitarbeiter?« »Also ich gehe jetzt mal in die Rolle desjenigen, der selbst auch schon an dem Punkt war.«
8. Rückfallthematisierung	»Wie könnte ein Rückfall aussehen?«
9. Rückfallprävention	»Was könnte genau einen Rückfall auslösen? Wie ginge es dann weiter? Lassen Sie uns das mal genau in Gedanken durchspielen.«
10. Zukunftsprojektion	»Angenommen wir schauen in einem Jahr auf den jetzigen Schritt zurück, wie wollten Sie gerne darauf zurückschauen?«

Im Anschluss folgt die Resultatsphase, in der die Schlussfolgerung aus dem Bisherigen gezogen wird. Was bedeutet dies auf unterschiedlichen Ebenen (konkretes Tun, Selbstbild, eigener Lernprozess)? In den meisten Fällen von Coaching und Beratung ist es sinnvoll die Umsetzung des Ergebnisses zu überprüfen. Dazu kann ein weiterer Kontakt dienen. Oder es kann sich ein weiteres Thema auftun, das nun behandelt werden kann. Dies führt evtl. zu einem Neuengagement.

Tabelle: Coaching-Interventionen in der Resultatsphase

Stadium Resultatsphase	Sprachfigur
1. Resultat	»Wenn Sie auf das Gespräch/ auf unsere Arbeit schauen, welche drei Punkte nehmen Sie aus dem Gespräch mit?«
2. Eine ergänzende Idee	»Da ist noch eine Idee, die ich Ihnen mitgeben will.« »Ist es o.k., wenn ich noch etwas ergänze? Folgenden Punkt will ich Ihnen in jedem Falle zur Beachtung empfehlen: ...«
3. Verallgemeinerung	»Wenn man das Gelernte einmal verallgemeinert, was ist für Sie der wesentliche Lernprozess darin?«
4. Konkretisierung	»Woran werden wir (Sie, andere) beim nächsten Mal den Fortschritt konkret erkennen können?«
5. Vereinbarungen	»Welche Vereinbarungen leiten Sie aus unserer Arbeit jetzt für sich ab?« © Günter Mohr

Arbeit mit dem Häuser-Modell

Das Häuser-Modell zeigt ein praktisches Tool, wie im Coaching die Arbeit mit dem Klienten visualisiert werden kann. Es folgt einer Grundidee von Friedemann Schulz von Thun (2001), die ich um transaktionsanalytische und systemische Aspekte erweitert habe.

Grafik: Das Häusermodell

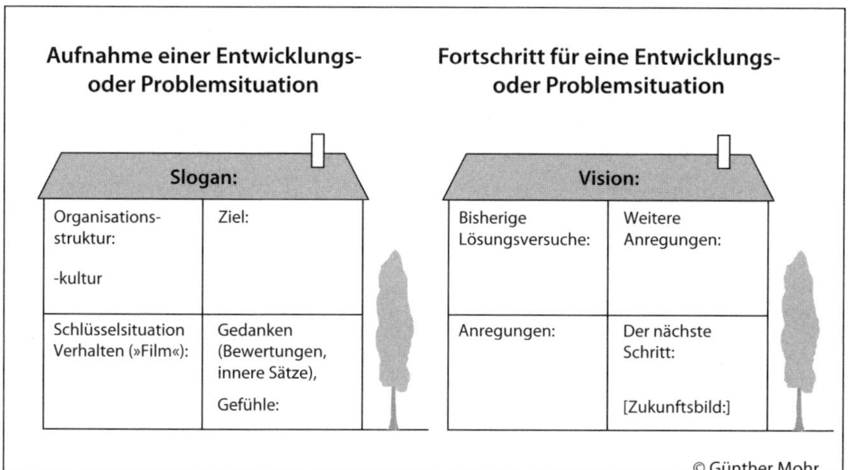

Enthaltene theoretische Ideen:

A. Der *Zeitpunkt* des Auftauchens eines Anliegens ist zu beleuchten und seine Einbettung ins aktuelle *Kräftefeld* ist wichtig.

B. Probleme werden durch (aktuelle) *Interaktion* inszeniert und aufrechterhalten.

C. Bisheriges Problem und seine Lösungsversuche werden durch *gedankliche Konstrukte* aufrechterhalten.

D. Es besteht eine Neigung zu *Gewohnheitsaufmerksamkeiten* bei Problemen und Lösungen.

E. *Hin- und Herbewegen* zwischen Problem- und Lösungsraum macht Sinn.

F. Alles hat irgendeine subjektiv *»positive« Absicht.*

Das Coaching ist dabei im Prinzip in zwei Phasen (Häuser) geteilt: die Aufnahme der Entwicklungs- oder Problemsituation und der Fortschritt bei einer Situation. In dem einen Haus wird in vier Feldern aufgenommen: der

Kontext, das Ziel, die äußere Bühne und die innere Bühne. Im Kontext geht es um die relevanten Kontextaspekte einer Fragestellung. Dies können Organisationsstruktur und -kultur rund um das Problem, aber auch die Historie des Problems sein. Das Ziel wird als eine Vorgabe für den Klienten formuliert. Das heißt es geht um das handelnde »Ich« mit einer konkreten Beschreibung der Veränderung im Verhalten, Denken oder in Gefühlen.

Danach wird die äußere Bühne erfasst. Hilfreich ist dabei die Filmmetapher: Was könnte ein Filmteam in Wort und Bild konkret erfassen, wie sich das Problem oder – es muss nicht immer ein Problem sein – eine Entwicklungssituation im Verhalten darstellt? Die Filmteamidee verdanke ich Bernd Schmid vom Institut für systemische Beratung, Wiesloch, der dies in der praktischen Arbeit erwähnte.

Davon zu unterscheiden ist die innere Bühne, in der Gedanken und Gefühle erfasst werden, die der Klient, aber auch andere Betroffene nach seiner Vermutung haben. Es ist hilfreich für den Klienten, wenn die Gefühle in den Grundgefühlen erfasst und sogar noch bezüglich des Ausmaßes auf einer Skala (z.B. 0-100) eingestuft werden. In der Praxis zeigen sich hier interessante Unterschiede zwischen sehr ausführlichen äußeren Bühnen bei gleichzeitig wenig innerer Reaktion und genauso umgekehrt. Die Unterscheidung von innerer und äußerer Bühne setzt noch einmal das Ich-Zustandskonzepts der TA um, knüpft aber auch an ein Konzept von Peter Senge an.

Als letztes kann man, wenn man will, noch einmal in einem kurzen Slogan die Essenz der Entwicklungssituation beschreiben lassen. Dies steht dann unter dem Dach des Hauses. Insgesamt bringt das Erfragen dieser Felder oft schon das nötige Bewusstsein für die wesentlichen Punkte.

Die zweite Phase (das zweite Haus) ist dann die Fortschrittsphase. Zunächst werden ausführlich die bisherigen Lösungsversuche und Lösungsideen des Klienten erfragt. Da macht die Frage des Begründers der lösungsorientierten Kurzzeittherapie Steve de Shazer »What else?« (Was sonst noch?) durchaus Sinn. Denn Menschen brauchen oft einen Rahmen und Zeit, um ihre Lösungsideen zu finden und auszusprechen. Dabei ist für den Coach sehr wichtig, die Auswirkungen der bisherigen Lösungsversuche zu ermitteln. Denn oft gibt es effiziente Lösungen. Diese werden aber nicht konsequent durchgeführt. In der Regel werden mit diesem Verfahren meistens eine oder mehrere wirklich gute Lösungsideen ermittelt. An dieser Stelle kann der Coach aber auch Widersprüche konfrontieren und den Klienten zur Stellungnahme auffordern.

Dann kann er mit dem Klienten einen Vertrag schließen, dass er ihm eine zusätzliche Lösungsidee oder Anregung anbieten kann. Durch einen entsprechenden »Vertrag« »abgesichert«, kann er über die Prozessbegleiterrolle hinaus dann auch in die Expertenrolle (»Meiner Erfahrung nach, ist hier sinnvoll:

…«), in die Ratgeberrolle (»ich würde Ihnen empfehlen, …«) oder sogar in die Instruktorenrolle (»Machen Sie auf jeden Fall …«) gehen. Aber der Klient ist immer zu befragen, wie er dazu steht und was er damit macht.

Letzter Schritt in der Lösungsphase ist die Frage an den Klienten, was nun sein nächster Schritt sein wird. Dies kann ein Tun oder auch ein Weglassen von etwas sein.

Tabelle: Das Doppelhaus von Nahem – Beispielfragen

Ziel – »Vor-«vertrag

- Was würden Sie gerne hier erreichen?
- Woran wird Erfolg oder Misserfolg zu erkennen sein?

Kontext des Anliegens

- Wer ist beteiligt und steht einer Aktivität positiv gegenüber, wer ist eher skeptisch?
- Wie (wann) ist die Idee, etwas zu unternehmen entstanden?
- Wer entscheidet über Erfolg oder Misserfolg?

Äußere Bühne – Aktuelle Schlüsselsituation und aufrechterhaltende Bedingungen

- Wie kommen Probleme/Entwicklungsnotwendigkeiten momentan zum Ausdruck?
- Wie folgen bestimmte Verhaltensweisen einzelner Beteiligter aufeinander? Welche Auswirkungen hat das auf wen?
- In welchen Situationen treten bestimmte Verhaltensketten auf?

Innere Bühne – Die subjektive Verarbeitung des Problems

- Wie wichtig ist das Problem (Skala 0-100)?
- Was wird gedacht während der Schlüsselszenen?
- Worauf wird das »Problem« zurückgeführt?

- Wie würden die Beteiligten das Problem schildern?
- Welchem Zweck von wem nützt das Problem (»Profiteure«)?
- Welche Gefühle in welcher Intensität (Skala 0-100) treten auf?
- Wie würde ein neutraler Beobachter das Problem schildern?

Die bisherigen Lösungsversuche und -ideen

- Was wurde bisher von wem versucht?
- Wie waren die Erfolge, die Misserfolge und ihre Gründe?
- Wie sieht es konkret aus, wenn das Problem einmal nicht vorhanden ist?
- Wie war es, als das Problem noch nicht da war?
- Wie könnte man das Problem verschlimmern?
- Wie könnte eine Hilfsmaßnahme zur Verschlimmerung beitragen?
- Welchen Preis zahlen die Beteiligten, wenn alles so bleibt wie es ist?

Der potenzielle Lösungsraum

- »Angenommen das Problem wäre wie durch ein Wunder morgen verschwunden, woran würde man dies im konkreten Verhalten der Beteiligten erkennen?« (die Wunderfrage)
- »Angenommen dass«-Fragen
- Was müssten Sie an Glaubenss(ch)ätzen aufgeben, damit sich etwas ändert?
- Welche drei Lösungsrichtungen sehen Sie?
- Welche Auswirkungen hat der Erfolgsfall, welche der Misserfolgsfall?
- Welchen Preis und welchen Gewinn haben die drei Varianten?

Auswertung des Prozesses – Der nächste Schritt

- Wenn Sie noch einmal den Prozess Revue passieren lassen, was erscheint Ihnen jetzt vordringlich?
- Was ist der nächste Schritt?

7. Integrierte Professionalität nach der Systemischen Transaktionsanalyse im Vergleich zu anderen Methoden

Vergleich	Hypnotherapie von Milton Erickson	Transaktionsanalyse
1. Menschenbild	Der Mensch ist Produkt seiner persönlichen Lerngeschichte und hat *unendlich viele ungenutzte Ressourcen (= das Unbewusste bei M.E.)*	*Humanistische Psychologie:* Der Mensch ist positiv orientiert, kann reflektieren und entscheiden.
2. Person und Unterschiede	*Persönliche Lerngeschichte* entscheidend *Unbewusste* Ebene bildet Einschränkungen und Potenziale ab	*Ich-Zustände* *Skriptthemen* (Existenz, Eigenart, Nähe, Fühlen, Denken, Gesundheit, Erfolg, …) Episkript, Mehrgenerationen-Skript *Skriptprozessmuster* (Erst wenn, …)
3. Beziehung und Kommunikation	*Unbewusste Ebenen bestimmen Kommunikation* und Beziehung (z.B. indirekte Suggestionen)	Einsatz der persönlich bevorzugten funktionalen Ich-Zustände *Muster* (Spiele) inszenieren Skript Symbiose als Verantwortungsverschiebung
4. Entwicklung und Veränderung	Nutzung *Übertragung bisheriger unbewusst abgespeicherter Lernerfahrungen* für aktuelle Themen	*Erwachsenen-Ich-Stärkung* (Hier-und-Jetzt-Bezug) *Skriptarbeit* (Autonomie = Bewusstheit, Flexibilität, Bezogenheit und Verantwortung)
5. Kontext und Systembezug	*Kontext (Umfeld, System, Gebäude) kommuniziert* auch deutlich, aber unmerklich	*Funktionale Ich-Zustände* sehr stark kontextabhängig *Bezugsrahmen* steuert Ich-Zustände *Systemdynamiken* *Feldspezifität* (Therapie, Pädagogik, Beratung, Organisationsentwicklung)
6. Professionsmethoden	Trance und andere *Verfahren zur Weckung der unbewussten Potenziale*	*Vertrag* *acht Techniken* *(Selbst-) Beeltern*

Vergleich	Analytische Psychologie von C. G. Jung	Transaktionsanalyse
1. Menschenbild	*Psychodynamisches Verständnis:* Unbewusste Ebenen des persönlichen und kollektiven Unbewussten bestimmen den Menschen sehr stark.	*Humanistische Psychologie:* Der Mensch ist positiv orientiert, kann reflektieren und entscheiden.
2. Person und Unterschiede	Persönlichkeits-Typen in polaren Dimensionen: Extra- – introvertiert Denken – gefühlsmäßige Bewertung Präzise Wahrnehmung – Intuition Archetypen: Guter Vater, Helfer, Held, Märtyrer, …	*Ich-Zustände* *Skriptthemen* (Existenz, Eigenart, Nähe, Fühlen, Denken, Gesundheit, Erfolg, …) Episkript, Mehrgenerationen-Skript *Skriptprozessmuster* (Erst wenn, …)
3. Beziehung und Kommunikation	*Übertragung der inneren Bilder* in die aktuelle Kommunikation	Einsatz der persönlich bevorzugten funktionalen Ich-Zustände *Muster* (Spiele) inszenieren Skript Symbiose als Verantwortungsverschiebung
4. Entwicklung und Veränderung	*Persönliche Individuation* (Lebensentfaltung in jedem Lebensalter)	*Erwachsenen-Ich-Stärkung* (Hier-und-Jetzt-Bezug) *Skriptarbeit* (Autonomie = Bewusstheit, Flexibilität, Bezogenheit und Verantwortung)
5. Kontext und Systembezug	*Innerer Kontext der Einzelperson* (Typ) *Kollektives Unbewusstes*	*Funktionale Ich-Zustände* sehr stark kontextabhängig *Bezugsrahmen* steuert Ich-Zustände *Systemdynamiken* *Feldspezifität* (Therapie, Pädagogik, Beratung, Organisationsentwicklung)
6. Professionsmethoden	Vorwiegend *Unbewusstes bewusst machen* (Deutung)	*Vertrag* *acht Techniken* *(Selbst-) Beeltern*

Vergleich	Systemische Theorie	Transaktionsanalyse
1. Menschenbild	*Konstruktivismus/Systemeingebundenheit* Der psychische Mensch ist ein Systembestandteil und darauf basierendes Konstrukt der Selbstorganisation.	*Humanistische Psychologie:* Der Mensch ist positiv orientiert, kann reflektieren und entscheiden.
2. Person und Unterschiede	Der Einzelne ist *Produkt seiner Kontextbedingungen* (selbst extreme Störungen wie Schizophrenie sind so bedingt.) Systemkontexte haben Themen und vergeben darin Aufgaben und Rollen.	*Ich-Zustände* *Skriptthemen* (Existenz, Eigenart, Nähe, Fühlen, Denken, Gesundheit, Erfolg, ...) Episkript, Mehrgenerationen-Skript *Skriptprozessmuster* (Erst wenn, ...)
3. Beziehung und Kommunikation	Die *Art der Kommunikation* hält das System aufrecht. Beziehung entsteht, wenn sich selbstregulierende Systeme ankoppeln können.	Einsatz der persönlich bevorzugten funktionalen Ich-Zustände *Muster* (Spiele) inszenieren Skript Symbiose als Verantwortungsverschiebung
4. Entwicklung und Veränderung	Äußere und innere *neue Kontextbedingungen* entwickeln und verändern Systeme und Menschen.	*Erwachsenen-Ich-Stärkung* (Hier-und-Jetzt-Bezug) *Skriptarbeit* (Autonomie = Bewusstheit, Flexibilität, Bezogenheit und Verantwortung)
5. Kontext und Systembezug	Der *subjektiv relevante Kontext* und der relevante Systembezug sind alles.	*Funktionale Ich-Zustände* sehr stark kontextabhängig *Bezugsrahmen* steuert Ich-Zustände *Systemdynamiken* *Feldspezifität* (Therapie, Pädagogik, Beratung, Organisationsentwicklung)
6. Professionsmethoden	*Vernetzung hinterfragen* *Ankoppelung* an neue relevante Systeme *Muster unterbrechen*	*Vertrag* *acht Techniken* *(Selbst-) Beeltern*

Teil II ORGANISATIONSENTWICKLUNG UND SYSTEMQUALIFIZIERUNG

1. Die zehn Dimensionen der Systemischen Organisationsanalyse

Die Systemische Organisationsanalyse (SystOA) dient dazu, für ein Unternehmen die wesentlichen den Erfolg bestimmenden Dimensionen zu erfassen und daraus Handlungsoptionen zur Organisationsentwicklung abzuleiten. Diese Methode hilft ein so komplexes System wie ein Unternehmen oder auch eine Abteilung einer Firma zu durchleuchten. Sie kann genauso auf kommerzielle wie auf Non-Profit-Organisationen angewendet werden. In dem Buch *Systemische Organisationsanalyse* (Mohr 2006) habe ich diese Methode ausführlich vorgestellt. In den vergangenen Jahren wurde die Systemische Organisationsanalyse in vielen Anwendungen erfolgreich genutzt. Hier soll nun nach einer kurzen Zusammenfassung der Grunddynamiken die praktische Anwendung der Methode gezeigt werden. Dazu habe ich für die einzelnen Dynamiken Übungen und Arbeitstools entwickelt, die ich hiermit weitergeben möchte. Beispielhaft werden auch eine Analyse des Geschäftes von Private-Equity-Unternehmen und die Anwendung der Methode in der Führungskräftekonferenz eines Unternehmens gezeigt. Den Abschluss bildet der umfassende Fragebogen mit dessen Hilfe alle zehn Dimensionen der Systemischen Organisationsanalyse erfasst werden können, was auch eine quantitative Einstufung erlaubt.

Die Systemdynamiken einer Organisation entstehen durch Lenkung und Eingriffe in die Organisation (System Design), aber mindestens genauso stark durch eigendynamische Kräfte (System Emergence).

Grafik: System Emergence und System Design

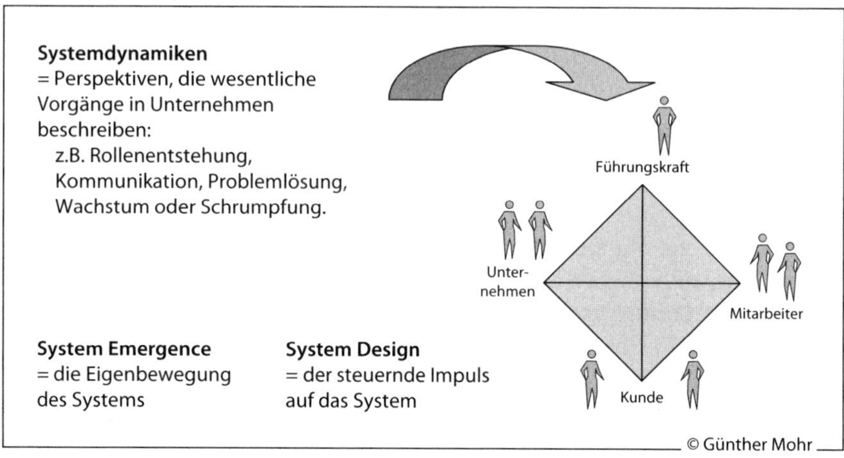

Zudem sind Organisationen nie ohne ihr Umfeld zu sehen. Sie stehen gleichzeitig in einem größeren Spannungsfeld übergeordneter Systeme. Dabei seien hier genannt:

- Demographische Systeme: Die altersmäßige Entwicklung der Gesellschaft, die heute aufgrund der Veränderung der Alterspyramide für viele gesellschaftliche Institutionen, auch für Unternehmen gravierende Konsequenzen hat.
- Rechtssysteme: Die in Rechtsnormen gegossenen Verhaltenserwartungen der Gesellschaft, die einem ständigen Wandel unterliegen.
- Weltwirtschaftssystem: Das Wirtschaftssystem in seiner weltweiten Verknüpfung, ohne deren Berücksichtigung heute kaum ein Unternehmen mehr agieren kann.

Grafik: Systeme und übergreifende Systeme

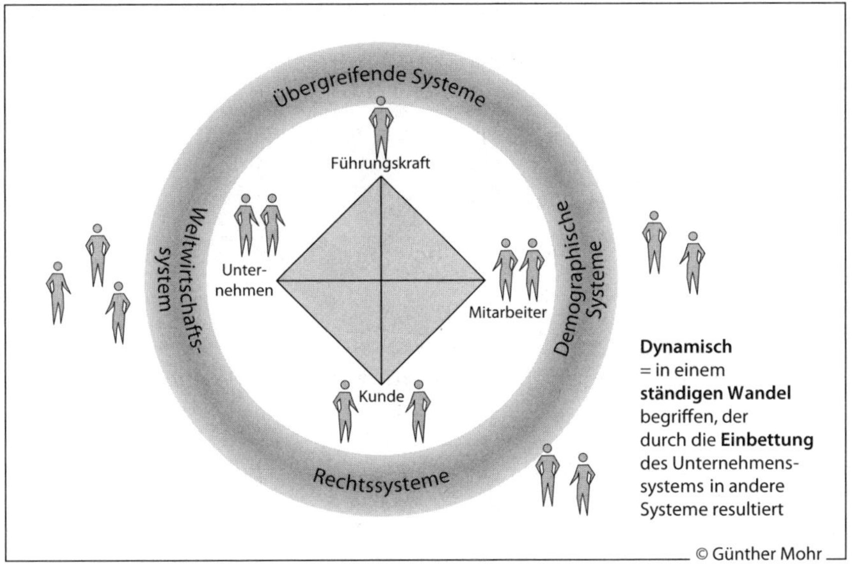

Auf dem Hintergrund dieser Einbettung wird ein einzelnes Unternehmenssystem in seiner aktuellen Verfassung in vier Feldern (System-Struktur, System-Prozesse, System-Balancen und System-Pulsation) betrachtet. Diese vier Felder sind nochmals unterteilt und so entstehen insgesamt zehn Dynamiken, die einzeln betrachtet wertvolle Hinweise für die Analyse bieten.

Grafik: Das System Organisation

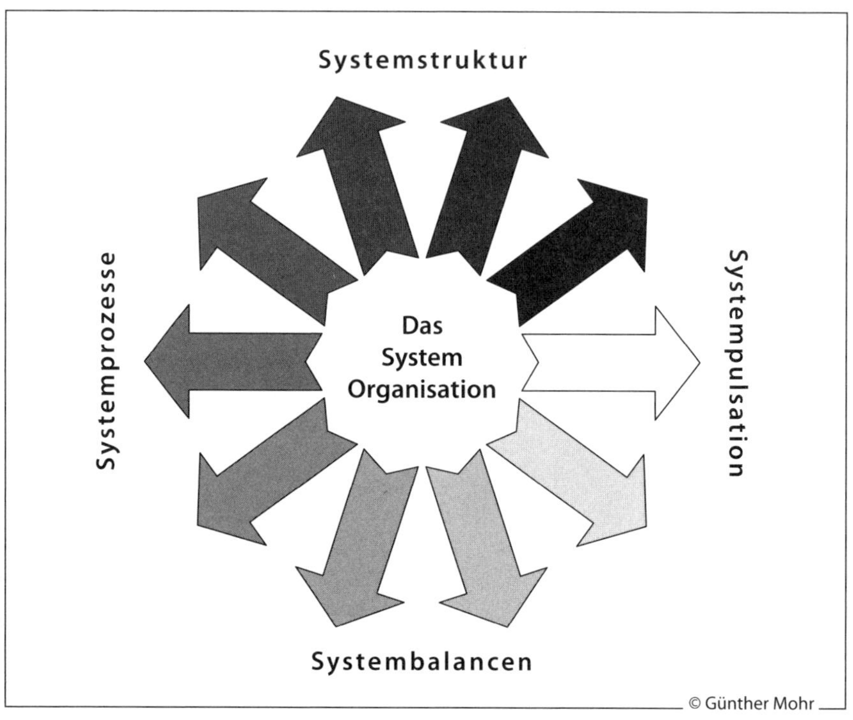

Die System-Struktur: Aufmerksamkeit, Rollen und Systembeziehungen

Aufmerksamkeit ist der härteste Strukturfaktor einer Organisation. Denn Aufmerksamkeit ist eine der wesentlichsten Ressourcen der Menschen (Schmid 2007). Dies gilt auch für Leben in, mit und von Organisationen. Aufmerksamkeit ist die Grundeinheit der Lenkung der mentalen und aktionsbezogenen Kräfte von Systemen. Jede Organisation hat zu einem bestimmten Zeitpunkt ihre Themen, auf die die Aufmerksamkeitsenergie gelenkt ist. Es liegt immer eine spezifische Wirklichkeitskonstruktion in einem Unternehmen vor. Diese kann bezüglich der Unternehmung geeignet oder ungeeignet, einheitlich oder chaotisch, klar oder nebulös sein.

Insbesondere die Aufmerksamkeiten auf die drei zentralen Managementaufgaben, normatives, strategisches und operatives Management, haben ihre spezifische Ausprägung in jedem Unternehmen. Spannend ist dabei die Frage, wieweit die Hauptaufmerksamkeiten im Unternehmen kompatibel sind oder kontrastieren, beispielsweise zwischen den drei genannten Ebenen oder zwischen einzelnen Gruppen wie Top-Management und Mitarbeitern. Offizielle Struktur und Identitätsvorgaben stehen nicht selten mehr oder weniger stark mit der tatsächlich gelebten Kultur im Spannungsverhältnis. Die herrschende Aufmerksamkeit ist der härteste Investitionslenker in Organisationen. Wenn sich in einem Unternehmen alle Mitarbeiter nur eine halbe Stunde am Tag mit einem Thema befassen, das nichts mit dem eigentlichen Ziel zu tun hat, dann kostet das bei 2000 Mitarbeitern und unterstellten Gesamtarbeitskosten von 100 Euro pro Stunde 50.000 Euro am Tag. Das sind pro Tag die Kosten eines Jahresarbeitsplatzes. Es kann also sehr sinnvoll sein zu betrachten, wo sich die wirkliche Aufmerksamkeit in einer Abteilung oder einer ganzen Firma zurzeit befindet.

Als weiteres zentrales Strukturmerkmal besitzt jedes Unternehmen unterschiedliche **Rollen,** es gibt beispielsweise Top-Management, Mittelmanagement, Mitarbeiter, aber auch Eigenkapitalgeber, Fremdkapitalgeber, eine Öffentlichkeit um das Unternehmen herum und vor allem Kunden. Die Struktur eines Unternehmens findet ihren äußeren Ausdruck in der Ausgestaltung, der Stimmigkeit und der Passung (Schmid 1994; Schmid und Messmer 2005) der vorhandenen Rollen. Sie zeigen nicht nur eine Oberflächenstruktur der Organisation. Die Rollen werden durch Personen ausgefüllt und werden dadurch in ihrer Qualität durch die spezifischen Persönlichkeitsstrukturen mit Leben gefüllt. Andererseits wird auch eine Persönlichkeit in einer Organisation nur dann wirksam, wenn sie mit einer bestimmten Rolle verbunden wird.

Neben den Rollen charakterisieren die spezifischen Beziehungsstrukturen ein System. **Beziehungen** bestehen zunächst auf der Rollenebene, sind aber ebenfalls auf der Ebene des Persönlichen relevant. Wer kennt wen vom Studium, von früherer Zusammenarbeit, wer steht sich politisch nahe, wer ist gar privat in Kontakt? Wie stark die Rollenebene die Beziehungen prägt und wie stark die Persönlichkeitsebene beeinflusst, charakterisiert wiederum die einzelne Organisation. Sind die Beziehungen von Kooperation oder von interner Konkurrenz bestimmt? Hier gibt es sehr unterschiedliche Kulturen (siehe auch Abschnitt »Tiefenbilder der Organisation« in diesem Buch). Eine deutliche Beziehungsveränderung entsteht beispielsweise, wenn Unternehmen die generelle Einführung von Coaching-Elementen in die Führungsbeziehung zum Mitarbeiter beschließen (Höher 2007). Die Nähe- und Distanzdimension zwischen Vorgesetztem und Mitarbeiter ist dann nicht mehr freiwillig zu wählen.

ÜBUNG: Welche System-Strukturen hat meine Organisation?

Um sich die ersten drei Dynamiken in einer Organisationseinheit anzusehen, können durch ein System (Individuum, Gruppe, Gesamtorganisation und/oder Berater) folgende Fragen bearbeitet werden:

System-struktur	**1. Dynamik der Aufmerksamkeit**	– Womit beschäftigen sich die Leute in der Organisation(seinheit) am meisten? – Wie verhält sich das, was im Moment die Hauptaufmerksamkeit genießt, zu dem, was eigentlich Ziel der Einheit ist?
	2. Dynamik der Rollen	– Welche Rollen gibt es momentan im System? – Welche Merkmale haben die Rollen? – Verändern sie sich zurzeit und wenn ja, wie?
	3. Dynamik der Beziehungen	– Wie stehen die Rollen und die Personen miteinander in Beziehung? – Welche Grundbotschaften gibt es zwischen den Rollenakteuren?

Die System-Prozesse: Kommunikation, Problemlösung und Erfolg

Es existieren drei grundlegende Prozesse, die in jedem unternehmerischen System stattfinden, aber auch beherrscht werden müssen. Zunächst werden alle Beziehungen und vor allem alle Veränderungen durch **Kommunikation** praktisch und konkret in Szene gesetzt und gestaltet. Ohne Kommunikation läuft in einem Unternehmen nichts. Man kann Organisationen theoretisch sogar rein als Kommunikationszusammenhänge definieren (Luhmann, 1988). Dennoch zeigt die Praxis: Gerade wenn man Entwicklungs- und Veränderungsprozesse betrachtet, wird der Dynamik von Kommunikationsprozessen oft zu wenig Aufmerksamkeit geschenkt. Man versucht Probleme zu verschweigen, obwohl dies nach Paul Watzlawik unmöglich ist. Er bewies: Man kann nicht nicht kommunizieren (Watzlawik, Beavin und Jackson 1969, 50). Die typischen Kommunikationsmuster einer Organisation sind ein zentrales diagnostisch und gestalterisch wichtiges Feld.

Der zweite grundlegende Prozess ist die **Problemlösung**. Organisationssysteme haben die zentrale Aufgabe der Problemlösung. Dies beginnt bei der grundlegenden unternehmerischen Problemstellung, Lösungen für die

Herausforderungen eines Marktes zu finden. Dabei etablieren sich in jedem Unternehmen spezifische Muster, wie an ein Problem herangegangen wird. Ein Extrembeispiel dazu ist die Haltung »Bei uns gibt es keine Probleme«. Die Art Entscheidungen zu fällen, genauso wie die Art mit Konflikten umzugehen, sind charakteristische Problemlösemuster für eine Organisation. Organisationen sind allerdings auch Probleme inhärent. Sie vermögen größere Ziele zu erreichen als es dem Einzelnen möglich ist, weil sie auch unterschiedliche persönliche, aber auch fachliche Interessen unter einem Dach verbinden. Dies führt zu Problemen und manchmal zur Überschätzung der Möglichkeiten, wenn Verantwortung im Sinne des »Konsequenzen-Tragens« nicht klar geregelt ist. Dieses konnte man gerade in Zeiten der Wirtschaftskrise bei vielen Firmen gut beobachten.

Während die beiden Punkte Kommunikation und Probleme noch auf der Hand liegen, ist der dritte Systemprozess, der richtige Umgang mit **Erfolg**, häufig kein Thema in Firmen. Erfolg wird vorausgesetzt oder seine Benennung wird intern im Unternehmen aus Furcht vor einem Rückgang der Initiative gescheut. Gleichzeitig gilt die Erfahrung: »Keine Organisation kommt langfristig ohne Erfolge aus«. Erfolg im Sinne von Resultatserzielung und Wirksamkeit verbunden mit dem Erleben der Freude ist das Elixier in Organisationen. Alle Planungsprozesse und Zielsetzungsprozesse machen nur im Zusammenhang mit Erfolgsprozessen Sinn. Werden Ziele nicht von Erfolg gekrönt, verlieren sie in Unternehmenssystemen bald ihre Relevanz. Die Handhabung der Erfolgsdynamik ist ein zentraler Ansatzpunkt für Energie und Motivation im unternehmerischen Handeln (McClelland 1953). Erfolg ist das, was motiviert. Außerdem ist die Attribution von Erfolg auf personale, situationale oder zufällige Ursachen für die Leistungsmotivation sehr entscheidend für den Erfolgsprozess (Weiner 1972). Schließlich ist es auch wichtig, den Erfolg zu benennen und gebührend zu feiern.

ÜBUNG: Welche System-Prozesse steuern die Organisation?

System-prozesse	**4. Kommunikations-dynamiken**	– Was charakterisiert die Art, wie man miteinander kommuniziert?
	5. Problemlöse-dynamiken	– Was sind zur Zeit »Probleme«? – Wie geht man damit um?
	6. Erfolgsdynamiken	– Wie erreicht oder vermeidet man Erfolge?

Die System-Balancen: Gleichgewicht und Rekursivität

Als ich mein erstes Buch »Lebendige Unternehmen führen« nannte, haben manche Leser sich über den Titel gewundert. Aber es stimmt, Unternehmen und andere Organisationen sind lebende und dadurch lebendige Systeme. Sie zeigen ähnliche Eigenschaften wie Organismen und sie zeigen ein grundlegendes Streben nach Überleben, Komplexitätsbewältigung und Sicherheit. Nun kommt zu diesem Streben die so oft beschworene stetige Veränderungsnotwendigkeit. Sie gilt für den Menschen (»Du muss dein Leben ändern«; vgl. Sloterdijk 2009) wie für Organisationen. Schließlich weiß fast jeder, der in einem Unternehmen arbeitet, von Restrukturierungen und Neuorganisationen zu berichten. Gleichzeitig sind Organisationen prinzipiell als lebende Systeme in der Lage, unterschiedliche Kräfte auszubalancieren, sie im **Gleichgewicht** zu halten. So kann man für lebende Systeme eine Gleichgewichtstendenz annehmen, die aus ihrem Streben nach Selbsterhalt folgt. Dies wird auch Homöostaseprinzip genannt. Hier liegt sogar eine der Besonderheiten, wenn nicht sogar Existenzgründe von Organisationen. Sie können auch widerstreitende Impulse, Interessen- und Zielrichtungen unter einem Dach vereinen (Simon 2008). Dies kann auch ein sehr unruhiges Gleichgewicht oder ein ständig in Bewegung befindlicher Gleichgewichtspfad sein. Visionen und Zielpunkte für Organisationen sind darüber hinaus vorgestellte Gleichgewichte. Man macht sich mit diesen Instrumenten die Gleichgewichtstendenz zu nutze. Häufig sind Gleichgewichte auch rückwärtsgewandt. Das, was einmal war, wird verklärt und erscheint in der Erinnerung als nostalgisches Gleichgewicht. Die Dynamik der Gleichgewichte versucht diese gesamte Dimension von Organisationen zu erfassen.

Ein weiteres wichtiges in Organisationen zu beobachtendes Phänomen ist die **Rekursivität**. Es betrifft die Beobachtung, dass sich in Systemen auf unterschiedlichen Ebenen gleiche Prinzipien zeigen (Beer, 1994). Wie eine russische Puppe, die in sich mehrere jeweils kleinere Spiegelbilder ihrer selbst enthält, zeigen funktionierende Systeme auf unterschiedlichen Ebenen ähnliche Prinzipien in Struktur und Kultur. Dies erspart Reibungsverluste, die sonst durch Neuorientierung, Missverständnisse oder Eigenmächtigkeiten entstehen. Für die Beratung oder Analyse des Systems bedeutet dies eine einmalige Chance. Man muss nicht immer das Ganze erfassen, auch viele Teile beinhalten die wesentlichen Aspekte. Die Organisation produziert und reproduziert sich als selbstreferentielles System (Luhmann, 1988). Es genügt also, wenn man einen Zipfel des Systems anpeilt, aber darin alle wesentlichen Aspekte zu berühren und auf anderes auszustrahlen sucht. Daran knüpft die »fraktale Beratung« an (Schmid und Hipp, 2002).

ÜBUNG: Welche System-Balancen zeigt die Organisation?

System-balancen	7. Dynamik der Gleichgewichte	– Welches Gleichgewicht würde wer gerne erhalten? – Welches Gleichgewicht wird angestrebt?
	8. Dynamik der Rekursivität	– Wie sind ähnliche Prinzipien auf unterschiedlichen Ebenen der Organisation verwirklicht?

Die System-Pulsation: Äußere Pulsation und innere Pulsation

Organisationssysteme zeigen über die Zeit pulsierende Bewegungen an inneren und äußeren Grenzlinien (Mohr 2006). Die von mir Pulsation genannte Dynamik entwickelt das Konzept der Grenzlinien (Berne, 1979) weiter. Pulsation betrifft die Veränderungsbewegungen an der Außengrenze des Systems und zwischen den Subsystemen einer Organisation. Es geht dabei beispielsweise um Vergrößerung und Verkleinerung, etwa bezüglich der Zahlen von Mitarbeitern, Ressourcen oder des Budgets. Es geht aber auch um Durchlässigkeit, etwa beim Fluss von Sachinformationen genauso wie um Wertschätzung zwischen innen und außen. Der Betrachtungsschwerpunkt ist hier, wie sich das System an seinen Grenzen verhält.

Dabei gibt es sehr viele Aspekte und Facetten der **äußeren Pulsation**. Organisationen nutzen ein breites Spektrum an Arbeits-, Dienst-, Werk- und Beratungsverträgen aus. Die »föderale« Organisation mit unterschiedlich vertraglich angebundenen Mitarbeitergruppen (Handy, 1993) ist die Folge. Offenheit bezeichnet die Grundfähigkeit eines Systems mit seinem Innen und dem Außen in Beziehung zueinander umzugehen.

Die **innere Pulsation** stellt die Dynamik zwischen den Subsystemen, also Bereichen, Abteilungen und Gruppen im Unternehmen dar (Mohr, 2006). Aber auch Frauen und Männer, Alte und Junge, die »in der Zentrale« und die »am Markt« können eigene Subsysteme bilden. Große Umstrukturierungen, strategische Neupositionierungen der Gesamtorganisation erzeugen neue Subgruppen. Im schlechten Fall stehen dann einigen Gewinnern viele Verlierer gegenüber. Subsysteme entstehen aber immer durch die Kategorien der Beobachter und Gestalter von Unternehmen.

ÜBUNG: Welche System-Pulsation zeigt die Organisation?

System-pulsation	**9. Dynamik »Äußere Systempulsation« (Äußere Grenz-linien / Offenheit / Geschlossenheit)**	– Wie entwickelt sich zur Zeit die äußere Grenzlinie des Systems? – Welche Maßnahmen braucht es, um eine »angemessene« Offenheit und Geschlossenheit herzustellen?
	10. Dynamik »Innere Systempulsation« (Innere Grenzli-nien / Subsysteme)	– Welche relevanten Subsysteme lassen sich in der Organisation zur Zeit unterscheiden und wie wirken sie sich aus?

Nach dieser Kurzbetrachtung der zehn Dynamiken bleibt festzustellen: Die Erfassung der Ausprägung der Systemdynamiken in einer Organisation ermöglicht eine klare Einschätzung ihres momentanen Standes und offenbart Veränderungschancen. Hier kann man die Faustregel annehmen, dass schon die gezielte Intervention bei drei der zehn Dynamiken signifikante Fortschritte für die Organisation bringen. Zunächst wird die Systemische Organisationsanalyse in einer Kurzbetrachtung des Vorgehens der Privat Equity Firmen am Beispiel verdeutlicht, bevor auf einzelne Tools zu den Dynamiken eingegangen wird.

2. Systemische Organisationsanalyse des Private Equity Geschäftes

Wer bei »Pretty Woman« gut aufgepasst hat, erinnert sich an Richard Gere als skrupellosen Inhaber einer Firma, der rücksichtslos Unternehmen aufkauft, bis Julia Roberts ihn bekehrt. Das Private Equity Business hat sich seit den späten 1980er Jahren entwickelt. Es ist das Geschäft mit Unternehmen, später wurden sie dank Franz Müntefering auch als Heuschrecken bekannt. Unternehmen sind eine Handelsware. Wer sie irgendwo günstig erstehen kann, kauft sie, versucht sie zu veredeln, evtl. in einzelne Geschäftszweige zu zerteilen und teurer wieder zu verkaufen. Die bekanntesten auf diesem Markt tätigen Firmen Firmen sind KKR (Kohlberg, Kravis, Roberts), Blackstone, Permira und Cerberus. Sie halten Ausschau nach Unternehmen, die sich für ein solches Geschäft eignen. Die Branche ist ihnen dabei zweitrangig. Wichtig ist, dass das Geschäft erfolgversprechend ist. Im Folgenden werden die zehn Dynamiken auf dieses Geschäft angewendet.

Aufmerksamkeitsdynamik

Aufmerksamkeit kann man praktischerweise gut auf drei Ebenen unterscheiden: normative, strategische und operative Aufmerksamkeit. Private Equity Firmen haben eine klare normative Aufmerksamkeitsfokussierung. Diese ist vielleicht am reinsten an dem orientiert, was volkswirtschaftliche und betriebswirtschaftliche Modelle immer dem unternehmerischen Tun unterstellen. Es geht um Gewinnmaximierung. Praktisch nutzen sie betriebswirtschaftlich schlecht funktionierende Systeme, um sie in betriebswirtschaftlich besser funktionierende zu verwandeln. Strategisch sind sie an hohen Renditen interessiert, egal wie und wo diese erwirtschaftet werden. Auf der operativen Ebene kaufen sie sich dafür in Firmen ein, halten die Beteiligung eine gewisse Zeit und nehmen massiv und unter Nutzung aller Möglichkeiten Einfluss auf die Geschäftspolitik. Es gelten die Benchmarks der jeweiligen Branche, um das Ziel der Renditesteigerung zu erreichen.

Rollendynamik

Die Finanzinvestoren sind in der Praxis nicht nur Investoren, sondern sie beeinflussen, begutachten und steuern das Top-Management, schlüpfen in deren Rolle. Sie interpretieren die Rolle des Kapitalgebers sehr weit und verwenden in ihrer Vorgehensweise eher das angelsächsische Board-Modell, in dem Vorstand und Aufsichtsrat identisch sind. Das deutsche Modell mit getrennten Systemen von operativer Geschäftsführung und Aufsicht durch die Anteilseigner, in dem sie eigentlich als Eigenkapitalgeber ihre Rolle haben, passt nicht so gut in die Strategie der Private Equity Unternehmen.

Beziehungsdynamik

Private Equity Firmen als neue Herren in einem Unternehmen fühlen sich oft nicht an die bisherigen Konventionen eines Unternehmens gebunden, sondern gehen in ihrem Renditestreben konsequent vor. Das heißt, »heilige Kühe« werden geschlachtet und Tabus, die aus der bisherigen Kultur des Unternehmens stammen, werden schonungslos gebrochen. Dort sind ja oft die vermuteten stillen Reserven oder Ressourcen des Unternehmens verborgen. Dies können zum Beispiel personell gut versorgte Bereiche sein, die dann reduziert werden. Diese Herangehensweise der Private Equity Unternehmen ist für die dort beschäftigten Menschen eine große Bedrohung, weil sie ihren Lebensweg oft auf den Arbeitsplatz in dem Unternehmen gebaut haben.

Entsprechend ist die Beurteilung dieses Verhaltens unterschiedlich. Die, die sich gerettet fühlen durch einen Investor, sind positiv eingestellt und hoffen. Manchmal wird ein Finanzinvestor auch von einem Vorstandsmitglied als Alliierter für ein bestimmtes persönliches Vorhaben »engagiert«. Genauso gilt den Finanzinvestoren oft die Bewunderung der Verfechter des reinen marktwirtschaftlichen Denkens in der Öffentlichkeit, die hier meist unter Ausblendung von Begleiterscheinungen eine Reinigungsfunktion durch die Marktwirtschaft sehen. Andere wiederum, deren bisherige Besitzstände bedroht sind, werden schnell zu Feinden des Finanzinvestors und seiner Maßnahmen. Insgesamt nehmen Beziehungen an Schärfe zu. Schwelende Konflikte können leicht eskalieren.

Kommunikationsdynamik

Finanzinvestoren sprechen direkt mit dem Topmanagement oder mit anderen Kapitalgebern. Die Mitarbeiter, das Mittelmanagement oder gar Kunden sind meistens außen vor in der Kommunikation.

Problemlösedynamik

Das Kernproblem, das gelöst werden soll, ist mangelnder Wert und zu niedrige Rendite des gekauften Unternehmens. Um dies anzugehen, werden bewusst bestimmte neue – in den Augen der Private Equity Firmen vertretbare und notwendige – Probleme geschaffen. Die Finanzierungsform der Beteiligung ist in der Regel so, dass sie vom gekauften Unternehmen selbst getragen werden muss. So entsteht schnell zusätzlicher Renditedruck. Gleichzeitig werden bezüglich der Problemlösung alle Tasten des betriebswirtschaftlichen Klaviers gespielt. Es werden weder Entlassungen noch Ausgliederungen ausgeschlossen. Es gibt keine alten Besitzstände, keine Sentimentalitäten. Jegliche Art der Anpassung auf der strukturellen Ebene wird genutzt.

Erfolgsdynamik

Der Erfolg bei Private Equity Firmen ist die relativ kurzfristige, den Verkaufspreis steigernde Beteiligung am Unternehmen. Das heißt, es geht nicht um ein langfristiges Engagement. Es geht nicht um die Produktion eines bestimmten Gutes. Es geht nicht darum, ein Unternehmen durch die Höhen und Tiefen der Jahrzehnte zu begleiten, sondern Ziel ist der erfolgreiche Deal durch einen höheren Gesamtverkaufspreis des Unternehmens oder seiner Teile beim nächsten Käufer. Dies klingt vielleicht ein wenig tendenziös, aber wie schon bei der Dynamik ›Aufmerksamkeit‹ zeigt sich hier die konsequente Komplexitätsreduktion, die manchen Beobachter auch beeindruckt.

Gleichgewicht

Die Private Equity Firma hält das bisherige Gleichgewicht des Unternehmens vom betriebswirtschaftlichen Standpunkt für suboptimal. Es muss daher massiv gestört werden. Genau darauf setzt der Private Equity Investor. Er hat das Unternehmen ausgesucht, weil er ein neues, profitableres Gleichgewicht für möglich hält.

Rekursivität

Das wiederkehrende Prinzip ist die Renditeorientierung und kurzfristige Wertsteigerung. Alle anderen Prinzipien des aufgekauften Unternehmens müssen dem weichen. Ist man detailverliebt, mangelt es aber gleichzeitig an strategischer Orientierung? Oder gibt es einzelne Bereiche mit Sonderrechten? Private Equity Investoren wollen klare renditeorientierte Prinzipien auf allen Ebenen von Unternehmen. Sie dulden keine Nischen und Sonderprinzipien.

Äußere Pulsation

Der Eintritt von Private Equity Investoren in ein Unternehmen ist ein gravierender Einschnitt von außen in das System. Durch das inhaltliche Wirken der Private Equity Firma wird die äußere Grenzlinie, zum Beispiel was Personalabbau betrifft, unter Renditegesichtspunkten betrachtet. Auch mögliche Fusionspartner können Informationszugang zum Unternehmen erhalten, wenn es in irgendeiner Weise zur Erhöhung des Verkaufspreises beitragen könnte.

Innere Pulsation

Hier wird in der Praxis strenges Benchmarking angewandt. Der Vergleich der Größe einzelner Bereiche mit anderen Firmen wird ähnlich wie für strukturorientierte Unternehmensberater zur Richtschnur für Veränderungen. Eigene systemisch gewachsene Sonderfaktoren eines Unternehmens zu betrachten, erhöht die Komplexität zu sehr. Das Nachvollziehen und Wertschätzen des bislang Geschaffenen ist aus der Perspektive der Private Equity Firmen meist nicht möglich. Dies zu berücksichtigen, würde einen hohen Aufwand bedeuten und einfache Einschnitte verbieten.

Eine wesentliche Perspektive der Private Equity Investoren ist auch die Unternehmensgröße. Ab einer bestimmten Größe lässt sich das Unternehmen »filetieren«, in einzelne bessere Stücke zerlegen und so im Verkaufswert steigern. Insofern werden lebensfähige Subsysteme gesucht und ihr Marktwert taxiert.

Schlussfolgerungen für die Ankoppelung an ein bestehendes System

Dieses Beispiel der Private Equity Investoren habe ich aus zwei Gründen gewählt: Zum einen, weil durch deren klare Fokussierung die Antwort auf die zehn Dynamiken einfach ist und es daher ein sehr anschauliches Beispiel ist. Es ist aber auch für systemische Berater interessant, die Ankopplung an ein bestehendes System zu betrachten. Denn der systemische Berater muss die Veränderung eines Systems herbeiführen, mit dem er sich gerade durch die Ankoppelung (den Beratervertrag) zu einem Entwicklungssystem vereinigt hat.

Allerdings versuchen systemische Berater in der Praxis immer ein humanistisches Menschenbild zur Geltung zu bringen und nicht unnötiges Leiden zu schaffen. Die Private Equity Firmen hingegen schützen sich vor zuviel Komplexität. Statt sich mit den Menschen und den gewachsenen Strukturen im Unternehmen zu beschäftigen, vermeiden sie diese Art von Komplexität durch eine Ausrichtung an einfachen, betriebswirtschaftlichen Ziffern. Sie haben den Menschen dadurch vorwiegend als Produktionsfaktor auf der Liste. Dies sind unterschiedliche Konstruktionen von Wirklichkeit. Je mehr ausgeblendet wird, desto einfacher wird die Welt.

3. Anwendung der SystOA in Unternehmen

Nun folgen zunächst schlaglichtartig drei Anwendungsbeispiele der Systemischen Organisationsanalyse in Kurzform, um einen praktischen Eindruck zu geben:

- In einem mittelgroßen Unternehmen wurde bei der Durchführung der SystOA die besondere Bedeutung des Managements gewürdigt und die Organisationsanalyse von dieser Gruppe durchgeführt. Die Führungsmannschaft, bestehend aus acht Personen (zwei Geschäftsführer und sechs Führungskräfte der zweiten Ebene), erarbeitete zunächst mittels der Dimensionen die besonderen Charakteristiken des eigenen Unternehmens. Die Führungskräfte bearbeiteten die geleiteten Fragen zu den einzelnen Systemdynamiken zunächst zu zweit, erfassten dabei die markanten Punkte und qualifizierten jeweils bezüglich Ressource und »Baustelle«. Nach der Präsentation der Zweierergebnisse identifizierten sie gemeinsam die Felder, wo sich Verbesserung anbot. Dies ergab die Dynamik der Rollen, die Problemlösedynamiken und die Dynamik der inneren Pulsation. Man vereinbarte entsprechende Maßnahmen zur besseren Klärung der Rollen. Diese hatten tatsächlich das Resultat, dass Rollensymbiosen in der Folgezeit vermieden wurden. Für das Einüben einer neuen Problemlösekultur wurde kollegiale Beratung in Trainingsmaßnahmen eingeführt. Für die innere Pulsation experimentierte man erfolgreich mit überlappenden Teams, so dass an den Schnittstellen immer ein Mitglied des benachbarten Teams an den Teamsitzungen teilnahm. Dies tat auch der Dynamik der Rekursivität gut. So wurden aus »verfeindeten Apachen und Comanchen wieder in erster Linie Indianer«, wie es ein Vorstandsmitglied ein Jahr später ausdrückte.

- In einem zweiten Beispiel haben wir uns mit Supervisions- und Coachinggruppen für Führungskräfte aus verschiedenen Abteilungen desselben Unternehmens in einem Schnellverfahren auf die ersten sechs Dimensionen der SystOA konzentriert. Die drei Dynamiken der Struktur und die drei Prozessdynamiken wurden untersucht. Dazu braucht man etwa eine Stunde, wenn man zehn Minuten für jede einzelne Dimension annimmt. Die Teilnehmer der Gruppen konnten sich dann gegenseitig ihre Ergebnisse und Anknüpfungspunkte für Verbesserungsmaßnahmen präsentieren. Der Auftrag war hier lediglich zwei Felder zur Weiterentwicklung zu identifizieren, was auch gut gelang. Aufgrund der kontinuierlichen Arbeit der

Gruppen im Vierwochenrhythmus wurde die Führungskraft des jeweiligen Bereiches zur Konzentration der Aufmerksamkeit auf die zwei Dynamiken aufgefordert, ohne Druck auf Mitarbeiter auszuüben. Über ein halbes Jahr wurden daraufhin regelmäßig die Entwicklungen evaluiert. Das Ergebnis war frappierend. Die Mitarbeiter der Führungskräfte begannen bald selbstständig Ideen zur Verbesserung der Dynamiken zu entwickeln.

- Mit folgender Anwendung habe ich auch außerhalb Deutschlands Erfahrung gesammelt. So konnten wir diese Vorgehensweise kürzlich in England und in der Ukraine testen. Da es manchmal einfacher ist, die Problemlösung bei anderen zu erkennen, wurden hier mehrere Organisationen in einem Workshop durchleuchtet. Es wurden Dreiergruppen gebildet und jede Führungskraft wurde zu den Dimensionen in ihrem Unternehmen von zwei Interviewern befragt, die vorher entsprechend in die Methode eingeführt wurden. Die Interviewer stellten dann die relevanten Informationen, die sie zu den Systemdynamiken erhalten hatten, vor und brachten die unabhängig ermittelten Verbesserungsideen aus der Consultantperspektive im Plenum mit ein. Hier lässt sich auch noch ein Reflecting Team ergänzen, das zunächst nur den Interaktionsprozess zwischen Interviewer und Befragten beobachtet und aus der Wahrnehmung dieses Prozesses heraus noch weitere diagnostische und gestalterische Ideen entwickelt.

Durch die Bearbeitung der Systemischen Organisationsanalyse entstehen ein breites Bewusstsein und die notwendige Kraft für Entwicklungsschritte einer Organisation. Und nur so wird der momentane »Seelenzustand« der Organisation deutlich. Im Folgenden sind die zehn Dynamiken der Systemischen Organisationsanalyse in Fragen für eine Leitungsteam beispielsweise eine Führungskräftekonferenz aufgeführt.

Das Beispiel einer Führungskräftekonferenz

Schritt 1: Erhebung der Dimensionen in Untergruppen

Beispielsweise kann die Erhebung in zehn Untergruppen durchgeführt werden, die jeweils alle zehn Dimensionen betrachten. Praktisch können die zehn Dimensionen mit jeweils im Durchschnitt zehn Minuten Bearbeitungszeit aufgenommen werden. In der Untergruppe erfordert dies Disziplin. So sollte ein Leiter der Untergruppe auf die Einhaltung der Zeit achten. Die Untergruppe selbst kann darauf vertrauen, dass ihre Aspekte von der Gesamtgruppe ergänzt werden. Dies bedeutet insgesamt 100 Minuten in dieser Phase.

Falls nicht genügend Untergruppen möglich sind, empfiehlt sich folgende Verteilung:

Gruppe A: Dimension 1 – Aufmerksamkeitsfokussierung

Gruppe B: Dimensionen 2 – Rollen und 3 – Systembeziehungen

Gruppe C: Dimensionen 4 – Kommunikation, 5 – Problemlösung und 6 – Erfolg

Gruppe D: Dimensionen 7 – Gleichgewichte und 8 – Rekursivität

Gruppe E: Dimensionen 9 – Äußere Pulsation und 10 – Innere Pulsation.

Schritt 2: Präsentation der Analyseergebnisse im Plenum

In der Präsentation im Plenum macht es Sinn, jeweils eine Untergruppe eine Dimension vorstellen zu lassen und die anderen danach ergänzen zu lassen. Die aufgeführten Fragestellungen werden naturgemäß auch unterschiedliche Antworten zum Beispiel von unterschiedlichen Rollenträgern erhalten. Das ist gut und sollte transparent werden. Aus diesen Unterschieden sollte nicht eine Auseinandersetzung darüber entstehen, wer Recht oder Schuld hat. Empfehlenswert ist für eine lebendige Organisationsentwicklung die Ausrichtung auf eine lösungs- und änderungsoptimistische Vorgehensweise, die konkrete Bewegungen beinhaltet.

Schritt 3: Identifizierung von drei Veränderungspunkten

Für die Einfädelung von Entwicklungsschritten: In der Regel reicht es für eine positive Organisationsentwicklung, wenn in dreien dieser Felder konkrete Fortschrittsaktivitäten vereinbart werden. Praktisch können die Veränderungsbereiche in großen demokratischen Gruppen durch Mehrpunktabfrage ermittelt werden. Das heißt die Teilnehmer bekommen jeder drei Punkte und bestimmen dadurch die drei Bereiche, in denen sie zurzeit gerne einen Entwicklungsschritt sehen möchten.

Schritt 4: Einzelne Veränderungsmaßnahmen identifizieren

Da bis hierhin der Schwerpunkt aus Gründen der präzisen Ermittlung der Tatsachen analytisch war, empfiehlt sich für den Veränderungsteil eine aktionsorientierte Vorgehensweise. Dies bedeutet, dass die jetzt sich in neuen Untergruppen mit Entwicklungsschritten Befassenden diese in Form von konkreten Szenen (Rollensimulationen) aufbereiten sollten. Diese Szenen sind dann wieder im Plenum zu zeigen. Außerdem sollte ein konkreter schriftlicher Satz für die neue Vorgehensweise formuliert werden.

Schritt 5: Die schriftlichen Sätze in Vereinbarungen

Die Plenumsleitung (Consultant, Steuerungsrolle) erwirkt eine Vereinbarung bezüglich der Änderungsschritte.

Beispiel für Fragestellungen zu den zehn Dimensionen

Dimension 1 – Aufmerksamkeitsfokussierung

Momentane »Wirklichkeit«	Normative Perspektive	Änderungsprogramm
Womit beschäftigten sich die Teilnehmer der Führungskräfte-konferenz auf der offenen Ebene?	In wieweit sind das die Themen, die auch strategisch für die Entwicklung des Unternehmens heute Sinn machen?	Wie sind hier konstruktive Fortschritte zu machen?
Welche Themen werden verdeckt mit behandelt?	In wieweit sind das die Themen, die auch strategisch Sinn machen?	Wie könnten diese Themen integriert werden?
Welche Themen behandelt die Führungskräftekonferenz nicht, die aber möglicherweise wichtig wären?	In wieweit sind das Themen, die ebenfalls strategisch Sinn machen?	Wie können diese Themen auf die Tagesordnung kommen?

Dimension 2 – Rollen

Momentane »Wirklichkeit«	Normative Perspektive	Änderungsprogramm
Welche Rollen gibt es in der »Organisation«?	Sind diese Rollen hinreichend für den Erfolg? Wie sind die Effizienz und die Würdigung dieser Rollen?	Welche Änderungen sind hier erforderlich?

Dimension 3 – Systembeziehungen

Momentane »Wirklichkeit«	Normative Perspektive	Änderungsprogramm
Wie sind die Beziehungen zwischen den Rollen? - Qualität - Umgehen bei Spannungen Wie sind die Beziehungen auf der persönlichen Ebene? - Qualität - Umgehen bei Spannungen	Was ist hier wünschenswert?	Welche Änderungen sind erforderlich?

Dimension 4 – Kommunikationsprozesse

Momentane »Wirklichkeit«	Normative Perspektive	Änderungsprogramm
Welche Kommunikationsinstitutionen – gibt es? (z.B. Teamgespräche Kleingruppen, Einzelgespräche, breite Diskussion, Mails) – sind charakteristisch?	Wie ist die Effizienz der Kommunikationsinstituitionen?	Welche Änderungen sind erforderlich?

Dimension 5 – Problemlöseprozesse

Momentane »Wirklichkeit«	Normative Perspektive	Änderungsprogramm
Was sind häufig wiederkehrende Herausforderungen?	Wie werden diese Herausforderungen beantwortet, Probleme gelöst?	Welche Änderungen sind erforderlich?

Dimension 6 – Erfolgsprozesse

Momentane »Wirklichkeit«	Normative Perspektive	Änderungsprogramm
Was sind momentane Erfolge und Misserfolge? (Evtl. auch auf die Führungskräftekonferenz bezogen?)	Wie zufriedenstellend sind die Erfolgsbilanz und der Umgang mit Erfolg?	Welche Änderungen sind erforderlich?

Dimension 7 – System-Gleichgewichte

Momentane »Wirklichkeit«	Normative Perspektive	Änderungsprogramm
Angenommen man betrachtet verschiedene Zustände (auch historische) als Gleichgewicht, was hat dieses Gleichgewicht jeweils hergestellt? (auch beispielhaft auf die Führungskräftekonferenz bezogen)	Welche Gleichgewichte sind wünschenswert?	Welche Änderungen sind erforderlich?

Dimension 8 – Rekursivität

Momentane »Wirklichkeit«	Normative Perspektive	Änderungsprogramm
Welche Prinzipien der Organisation wiederholen sich? (Evtl. auch in der Führungskräftekonferenz? Ist die Führungskräftekonferenz nach den gleichen Prinzipien organisiert wie die Gesamtorganisation?)	Was wäre hier wünschenswert an Wiedererkennung und an Differenziertheit?	Welche Änderungen sind erforderlich?

Dimension 9 - Äußere Pulsation

Momentane »Wirklichkeit«	Normative Perspektive	Änderungsprogramm
Wie lässt die Führung (die Führungskräftekonferenz) Impulse von außen (des Marktes, anderer Teile der Unternehmens, …) hinein?	Welche Form von Offenheit und Geschlossenheit bzgl. Ressourcen, Menschen und Informationen ist wünschenswert?	Welche Änderungen sind erforderlich?

Dimension 10 - Innere Pulsation

Momentane »Wirklichkeit«	Normative Perspektive	Änderungsprogramm
Welche Subgruppen lassen sich unterscheiden? Wie verschieben sich diese zurzeit? Wie ist dies in Rollen repräsentiert? (Evtl. auch in der Führungskräftekonferenz)	Welche Repräsentation von Subgruppen ist wünschenswert?	Wie kommt man dahin?

4. Veränderungsgestaltung mit dem »4-Zoom-Modell«

Das 4-Zoom-Modell betrachtet unterschiedliche Ebenen der Veränderungsgestaltung, die beispielsweise bei steuernden Eingriffen in die Welt der Systemdynamiken einer Organisation zu beachten sind. Zoom bedeutet dabei ähnlich wie bei der Kamera mehr oder weniger ins Detail Gehen. Dies gilt hier übertragen auch für den Veränderungsprozess. Es beginnt mit einer sehr breit auf die grundsätzliche Veränderung gerichteten Ebene (»Weitwinkel«) und geht bis hin zur Nahaufnahme, sprich dem konkreten Wording in der Veränderungsgestaltung.

1. Relevante Systemdynamik

Die erste Zoom-Ebene ist die Aufgabe, den Prozess zu identifizieren, in dem im Augenblick eine Entwicklung angestrebt wird. Bei welcher Systemdynamik geht es um eine Änderung? Was ist das Thema, das eine Entwicklung verträgt? Dazu kann man die Schnellanalysen der Systemdynamiken entweder in einer Kurzfassung, nur die ersten sechs, oder alle zehn komplett nützen.

2. Rolle

Ein wesentlicher Aspekt für die Veränderungsarbeit mit dem 4-Zoom-Modell ist dann der Rollenteil. Ohne eine passende Organisationsrolle und Professionsrolle ist Veränderung nicht möglich beziehungsweise sinnvoll. Es ist zu klären, wer ist Berater, Auftraggeber, oder Umsetzer von Vorgaben. Welche Art von Berater(n) braucht es, einen kommunikationsstarken Psychologen oder einen Innenarchitekten oder beide. Hier unterscheidet sich in Organisationen auch die Bearbeitung durch die hausinterne Abteilung oder den Einsatz eines externen Beraters. Die Klarheit der Rolle ist Dreh- und Angelpunkt des Veränderungsprozesses. Sie bestimmt die Beziehungskonstellation mit dem zu verändernden System, egal ob es eine Einzelperson oder ein Organisationssystem ist. In der Rollenentscheidung sind auch Vertragselemente enthalten. Dabei kann man ein Konzept nützen, das Thomas Steinert entwickelt hat, das des »contracted field« (Steinert, 2006). Dies bedeutet, dass in einem Veränderungsprozess ein zu veränderndes Feld vereinbart wird. Aber dieses Feld ist auch dynamisch und kann sich ausweiten. Insofern liegt hier eine Dynamisierung des Vertragsgedankens der Transaktionsanalyse vor.

3. **Maßnahmen**

Die Rolle gibt in gewisser Weise auch die Maßnahmen vor, kann aber auch darin bestehen, weitere Rollen einzusetzen, wenn es um die Architektur eines Veränderungsprozesses geht. Ein Organisationsentwickler kann beispielsweise einen Coach oder Trainer für bestimmte Teilaufgaben der Veränderung einsetzen. Ist die Entscheidung über das zentrale Setting der Veränderungsrollen gefallen, folgen die Maßnahmen, die ein entsprechendes Repertoire an »Interventionsarchitekturen« (Königswieser und Hillebrand, 2004) und Einzelinterventionen voraussetzen. Maßnahmen sind in manchen Rollen vielfältig, in anderen sehr begrenzt. Eine Organisationsentwicklung sollte von Großgruppenveranstaltungen, über Trainings bis hin zum Einzelcoaching alles ins Auge fassen können. Zu den Maßnahmen können aber auch räumliche Maßnahmen, wie etwa ein Umbau gehören.

4. **»Wording« und detaillierte Ausgestaltung**

Die gewählten Maßnahmen ziehen dann die konkrete Interventionsgestaltung und das »Wording«, die Detailgestaltung der Intervention, nach sich. »Wie sag' ich's meinem Kinde?« ist der Kern der Wordingentscheidung. Es geht um die konkrete detaillierte Ausgestaltung der Intervention. Jede Maßnahme verlangt eine konkrete angemessene Ausdrucksweise. Im Beispiel der Umbaumaßnahme gehören zur detaillierten Ausgestaltung auch beispielsweise Details wie mögliches Raumempfinden und Farben. Auch hier zeigt sich, wie wichtig es ist, dass für die Beratung eine interdisziplinäre Kompetenz bereitgestellt wird.

5. Erkundungsreise

Um auf das Thema nach einer theoretischen Erklärung auch innerlich einzustimmen, kann man mit einer Gruppe eine Phantasiereise durchführen.

ÜBUNG: Besuch vom Mars

Wir starten mit einer kleinen Reise, mit der wir in die praktische Unternehmenswelt einsteigen. **Sehen Sie sich ein Unternehmen, das Sie interessiert, in aller Ruhe mit Aufmerksamkeit und Konzentration an!** Es kann sich dabei um das Unternehmen handeln, in dem Sie tätig sind. Sie können aber auch ein Unternehmen wählen, das Sie aus anderen Gründen einmal unter die Lupe nehmen wollen, beispielsweise weil Sie als Mitarbeiter dort tätig werden wollen. Das Unternehmen ist ein Lebensabschnittsgefährte, mit dem Sie eine gewisse Zeit lang durch Ihr Leben gehen. Es hat bedeutenden Einfluss auf die Qualität Ihres Lebens. Für die, die in anderen Organisationen, etwa aus dem sozialen Bereich oder in Verbänden tätig sind, ist die Übertragung ebenso mühelos möglich.

Beobachten Sie einen Moment Ihren Atem!
Setzen Sie sich bequem hin. Fühlen Sie sich behaglich und leicht.
Sie können Ihre Augen offen halten und trotzdem ganz entspannt sein, ganz wie Sie wollen.

Ihre Entspannung wird tiefer und tiefer mit jedem Atemzug.
Lassen Sie die inneren Gedanken einmal zur Ruhe kommen.

Sie fühlen sich sehr entspannt.
Vielleicht erinnern Sie sich an eine frühere Situation, in der Sie ganz entspannt waren.

Jeder kennt das Gefühl der Entspannung.
Und Sie fühlen sich sehr behaglich, sehr leicht, und genießen es richtig, sich so behaglich zu fühlen.

Nun gehen Sie in die Perspektive eines Marsbewohners.
Sie kommen vom Mars.

Und Sie fliegen mit einem Raumschiff zum blauen Planeten, der Erde, und Sie kommen näher und näher zu dem Land, das Sie kennen und besuchen eine Firma, eine Organisation, die Sie sehr gut kennen.

Vielleicht ist es Ihre erste Firma, die Sie kennengelernt haben, vielleicht hat Ihr Vater oder Ihre Mutter Sie dorthin mitgenommen.

Vielleicht ist es eine Organisation, die Sie jetzt kennen. Vielleicht ist es eine Organisation, in der Sie arbeiten.

Andere Leute können Sie nicht sehen. Sie sind unsichtbar.

Und Sie betreten das Gebäude der Organisation durch die Eingangstür oder durch die Hintertür, ganz wie Sie wollen.

Zuerst schauen Sie auf die Türen.

Und da stehen Titel wie Manager, Abteilungsleiter, Direktor, Vorstand ...

Sie notieren sich das. Wie sind die Rollen in der Firma definiert?

Dann studieren Sie wie die Beziehungen in der Organisation sind.

Welche Leute sprechen miteinander? Welchen Personen ist es erlaubt, miteinander Kontakt zu haben? Treffen die Führungskräfte die Mitarbeiter? Welche Leute haben Kontakt miteinander?

Jetzt hören Sie der Kommunikation der Leute einmal zu, den Botschaften, den verbalen und nonverbalen Transaktionen. Was sind typische Transaktionen?

Plötzlich sehen Sie eine Tür zu einem anderen Raum und Sie interessieren sich dafür, was dahinter ist. Und als Marsmensch können Sie durch Wände gehen. Dort lösen die Menschen gerade ein Problem. Wie machen sie das? Was ist die übliche Art der Problemlösung?

Nun sehen Sie eine andere Tür. Sie betreten den Raum und stellen fest, dass es hier um Erfolg geht. Was ist ein Erfolg, was ist ein Scheitern in dieser Organisation? Wie wird gefeiert?

Nach einer Weile. Während Sie sich angenehm fühlen und tiefer entspannen, hat der Marsianer genug beobachtet. Seine Notizen sind vollständig und er entscheidet, das Haus zu verlassen.
Und er wandert durch die Wand, besteigt sein Raumschiff und fliegt zurück zum Mars. Dort berichtet er über die Organisation.

6. Zusammenfassende Schnellanalyse

Dynamik-felder	Die zehn Systemdynamiken	Einzelfragen zu den Dynamiken
System-struktur	1. Dynamik der Aufmerksamkeit	– Womit beschäftigen sich die Leute in der Organisation(seinheit) am meisten? – Wie verhält sich das, was im Moment die Hauptaufmerksamkeit genießt, zu dem, was eigentlich Ziel der Einheit ist?
	2. Dynamik der Rollen	– Welche Rollen gibt es momentan im System? – Welche Merkmale haben die Rollen? – Verändern sie sich zur Zeit, und wenn ja, wie?
	3. Dynamik der Beziehungen	– Wie stehen die Rollen und die Personen miteinander in Beziehung? – Welche Grundbotschaften gibt es zwischen den Rollenakteuren?
System-prozesse	4. Kommunikations-dynamiken	– Was charakterisiert die Art, wie man miteinander kommuniziert?
	5. Problemlöse-dynamiken	– Was sind zur Zeit »Probleme«? – Wie geht man damit um?
	6. Erfolgsdynamiken	– Wie erreicht oder vermeidet man Erfolge?
System-balancen	7. Dynamik der Gleichgewichte	– Was wird und wurde als Gleichgewicht der Organisation angesehen? – Gibt es momentan ein Gleichgewicht? – Welches Gleichgewicht wird angestrebt?
	8. Dynamik der Rekursivität	– Wie sind ähnliche Prinzipien auf unterschiedlichen Ebenen der Organisation verwirklicht?
System-pulsation	9. Dynamik »Äußere Systempulsation« (Äußere Grenz-linien / Offenheit / Geschlossenheit)	– Wie entwickelt sich zurzeit die äußere Grenzlinie des Systems? – Welche Maßnahmen braucht es, um eine »angemessene« Offenheit und Geschlossenheit herzustellen?
	10. Dynamik »Innere Systempulsation« (Innere Grenzlinien / Subsysteme)	– Welche relevanten Subsysteme lassen sich in der Organisation zur Zeit unterscheiden und wie wirken sie sich aus? © Günter Mohr

Wünschenswerte Eigenschaften in Kürze

Dynamik-felder	Die zehn Systemdynamiken	»Wünschenswertes«
System-struktur	1. Dynamik der Aufmerksamkeit	– In der Hauptaufmerksamkeit sind die relevanten Punkte der Organistaion. Normatives, strategisches und operatives Management sind beachtet. – Das, was die Hauptaufmerksamkeit genießt, ist kompatibel mit der Zielsetzung der Organisation.
	2. Dynamik der Rollen	– Die Rollenstruktur der Organisation hat den angemessenen Differenzierungsgrad. – Rollenkompetenzen sind für die Rollen angemessen. – Rollen verändern sich entsprechend der inneren und äußeren Anforderungen der Organisation.
	3. Dynamik der Beziehungen	– Beziehungen auf der Rollen- und der Personenebene tragen zum Gedeihen der Organisation und der Menschen bei. – Die Grundbotschaften auf Rollen- und Personenebene sind würdigend und wertschätzend.
System-prozesse	4. Kommunikations-dynamiken	– Vorhandene Kommunikationsmuster und ihre Veränderungen nützen der Organisation und den Menschen in ihrer Entwicklung.
	5. Problemlöse-dynamiken	– Problemidentifizierung und Lösung bringen die Organisation voran. – Bezugsrahmen von »Problemen« sind realistisch im Bezug auf die Aufgaben.
	6. Erfolgsdynamiken	– Erfolg ist klar, realistisch und motivierend formuliert. – Erfolge werden deutlich wahrgenommen und benannt. – Kritische Entwicklungen/Misserfolge werden analysiert und als Lern- und Veränderungschance genutzt.
System-balancen	7. Dynamik der Gleichgewichte	– Stabilität und Wandel existieren beide in ausreichender Form. – Gleichgewichte der Vergangenheit werden wahrgenommen und illusionslos betrachtet, die Gegenwart ist im Fokus, Gleichgewichte der Zukunft (Vision, strategische Ziele) sind realistisch.
	8. Dynamik der Rekursivität	– Wiedererkennbare Prinzipien sind auf unterschiedlichen Ebenen der Organisation verwirklicht.

System-pulsation	9. Dynamik »Äußere Systempulsation« (Äußere Grenzlinien / Offenheit / Geschlossenheit)	– An der äußeren Grenzlinie zeigt das System die angemessene Offen- und Geschlossenheit. – Maßnahmen für ein »angemessenes« Maß an Offenheit und Geschlossenheit sind vorhanden.
	10. Dynamik »Innere Systempulsation« (Innere Grenzlinien / Subsysteme)	– Die Subsystem-Struktur der Organisation ist der inneren Aufgaben- und Arbeitsteilung sowie den äußeren Markterfordernissen angemessen. © Günter Mohr

7. Praktische Tools zur Vertiefung der zehn Dimensionen

Die Aufmerksamkeitsmatrix

Wer die Dimension der Aufmerksamkeit in einer Organisation genauer betrachten will, kann die Aufmerksamkeitsmatrix benutzen, um alle relevanten Felder abzudecken.

Aufmerksamkeit lässt sich in Bezug auf ihre Fokussierung, ihre Stärke und auf Spaltungen untersuchen. Zwischen mehreren Aufmerksamkeiten lassen sich die Distanz und die Spannung betrachten. Diese können in einer Gruppenarbeit auch visualisiert werden.

Grafik: Die Aufmerksamkeitsmatrix

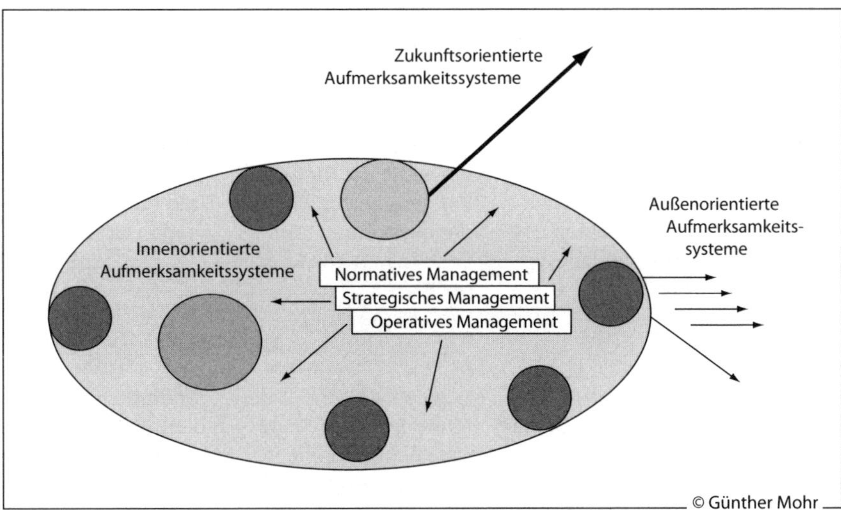

Tabelle: Aufmerksamkeitsmatrix

Aufmerksamkeitssysteme	Zielfelder	Funktionale Kriterien	Mögliche OE-Intervention
Außenorientierte Aufmerksamkeitssysteme	Produktmärkte, Vorproduktmärkte, Personalmärkte, Energiemärkte	Exzellente Kenntnis und Aufmerksamkeit für die Märkte und ihre Veränderungen; Vorhandensein entsprechender Systeme	Ins Leben rufen von Aufmerksamkeitssystemen (z.B. Konkurrenz-Radar, Kunden-Parlament)
Innenorientierte Aufmerksamkeitssysteme	Innere Ressourcen (Personal, Prozesse, Hardware/Software, Liquidität, Risiken, Rentabilitätspotenzial)	Exzellente Kenntnis und Aufmerksamkeit für die internen Ressourcen und Risiken der Organisation	Ins Leben rufen von Aufmerksamkeitssystemen (z.B. IT- Entwicklung, Personalentwicklung)
Zukunftssensor	Zukunftsszenarien außen und innen	Bezugnahme auf anerkannte prognostische Quellen	Ausschwärmen lassen, Szenarien erarbeiten
Normatives Management	Die Sinn- und Warum-Frage des Einsatzes in der Organisation (Legitimität)	Gleichermaßen selbstbewusste wie realistische Vorstellung des Nutzens der Organisation für Gesellschaft, Markt und Menschen Legitimität: Ethische Grenzen eingehalten	Stetiger Dialog über normative und ethische Fragen einrichten
Strategisches Management	Die langfristige und gesamtheitliche Ausrichtung der Organisation (Effektivität)	Exzellente Kenntnis der Strategie und dynamische Abstimmung des eigenen Vorgehens darauf; Effektivität: Wirksamkeit	Strategische Ausrichtung, Denken und Orientieren aller Mitglieder der Organisation fördern
Operatives Management	Die Vorgehensweise im Funktionsbereich des Einzelnen (Effizienz)	Effizienz der Prozesse; Optimaler Einsatz der Ressourcen	»Improvement« Prozesse verbessern, (Kombination Mensch-Maschine, Zusammenwirken von Bereichen an Schnittstellen)

Rollen-Design

Menschen nehmen die Rollen ein. Aber Rollen sind etwas, das nicht gespielt wird. Die vorhandenen Organisationsrollen bilden die Struktur eines Systems ab. Die Rollen nehmen im Gegenzug auch den Menschen ein. Sie entstehen durch den Kontext, in dem der Mensch sich befindet. Dieser Kontext kann ein bestimmtes Umfeld sein oder eine gewohnte Perspektive auf Dinge zu schauen. Insofern konstelliert sich eine Rolle sowohl aus den Erwartungen von anderen Menschen (soziologischer Aspekt) als auch der inneren Umsetzung des einzelnen (psychologischer Aspekt). Insofern lassen sich Rollen ganzheitlich definieren als Muster aus Einstellungen, Verhalten und Gefühlen mit bestimmten Beziehungen in einem bestimmten Kontext. Organisationen statten das Rollendesign mit Kompetenzerfordernissen, Verantwortungskonsequenzen und Machtzuständigkeiten aus. Es lohnt sich, für die zu betrachtende Organisationseinheit, diese Dimensionen, die die Rolle auszeichnen, näher zu betrachten.

Grafik: Rollen-Design

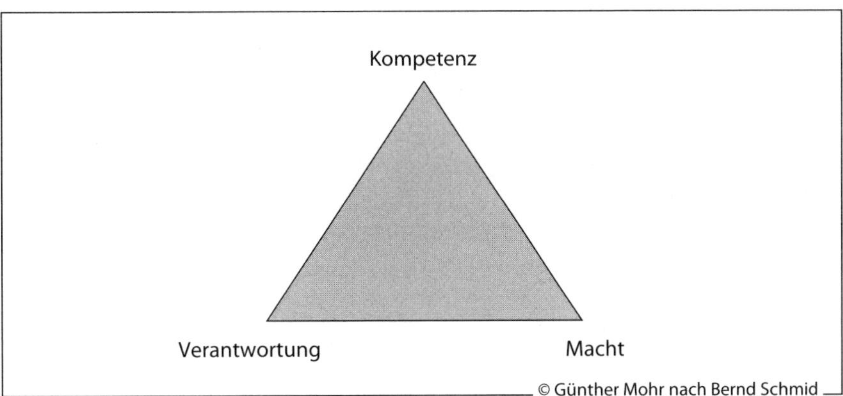

Dies dient zur Vermeidung sogenannter Rollensymbiosen (Schmid, 2003), bei denen Können, Verantwortung und Macht/Zuständigkeit auf unterschiedliche Schultern verteilt ist.

Grafik: Rollensymbiosen

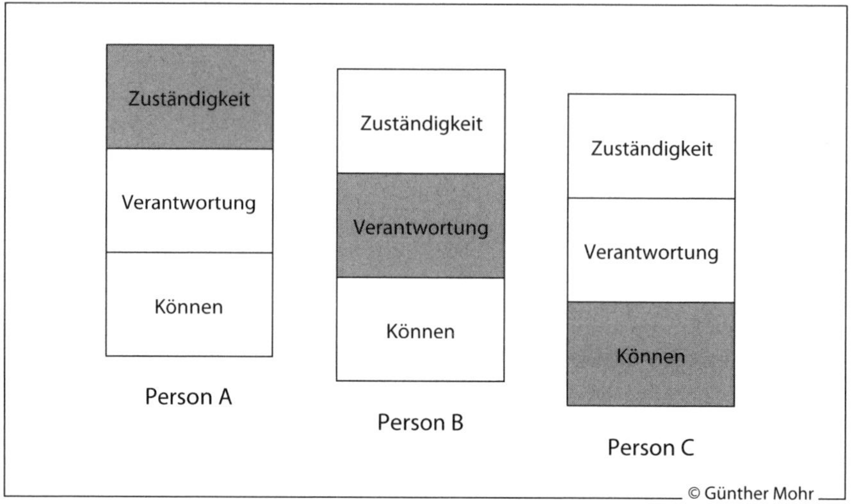

ÜBUNG: Rollensymbiosen

Gehen Sie eine Organisationseinheit, die Sie kennen, einmal im Geiste unter dem Gesichtspunkt durch, in wieweit dort die Dimensionen der Rolle klar zugeordnet sind bzw. wo es zeitweise oder lang andauernde »Rollensymbiosen« gibt.

Beziehungs-Assessmemt

Der Sieger der Tour de France 2009, Alberto Contador, sagte im Fernsehen über seinen im selben Team fahrenden Konkurrenten Lance Amstrong: »Ein Beziehung zu Lance Amstrong ist nicht existent«. Diese sportlich interessante Aussage ist falsch oder zumindest theoretisch unsauber, denn zwischen Menschen existiert immer eine Form von Beziehung. Paul Watzlawiks Kommunikationspostulat (»Man kann nicht nicht kommunizieren«) bedeutet eigentlich: Man kann nicht nicht in Beziehung treten. Systembeziehungen sind Beziehungen, die Menschen zueinander auf dem Hintergrund des gemeinsamen Auftretens in einem bestimmten Kontext entwickeln. Systembeziehungen beinhalten zwei Ebenen: die Formen des Zusammenwirkens der Rollenträger, aber auch die Formen des persönlich aufeinander Bezogenseins der Menschen in der Organisation. Mittels des organisationalen Beziehungs-Assessments kann man die Form der Beziehungen begrenzt auf ein Organisationssystem grafisch veranschaulichen. Dies impliziert allerdings eine Relevanzentscheidung: Wer ist für eine spezifische Betrachtung relevant in einem Beziehungssystem? So kann man versuchen, den Spagat zwischen der Überfülle an Beziehungspartnern in Organisationen und der Falle der Überkomplexität zu vermeiden.

Grafik: Das organisationale Beziehungs-Assessment

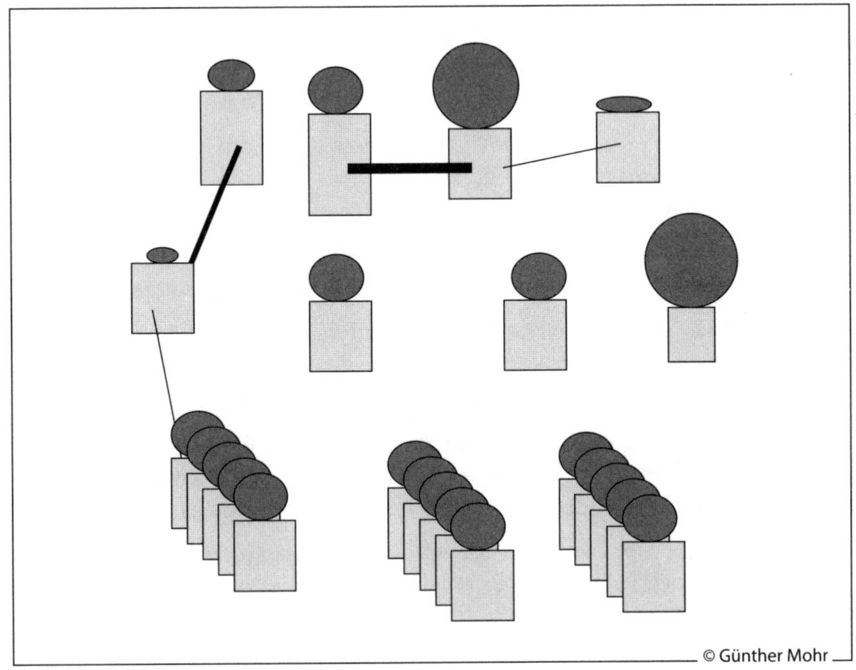

Durch die Formen und Linien kann man andeuten: Wo gibt es enge Beziehungen, wo zartere, wo wird überhaupt nicht aktiv unterstützt? Wie wichtig sind Einzelne? Mit obiger Darstellung folge ich unter anderem Konzepten aus der Soziometrie. Hier gibt es ausreichend weiterführende Literatur. Ich selbst bevorzuge die kreative aus der Situation heraus sinnvolle visuelle Darstellung, ohne bestimmte Konventionen der Darstellung einhalten zu müssen, wie es manche Nomenklaturen nahe legen (z.B. die für Familiensysteme entwickelte Darstellung in unterschiedlichen Strichcodes). Aufstellungen von Beziehungssystemen, wie in der Tradition von Hellinger praktiziert, sind ebenfalls eine hervorragende Form der Abbildung von Beziehungen. Auch die Ergänzung der personalen Beziehungen durch die Beziehungen zu Themen wie Zielen oder materiellen Ressourcen in Unternehmen veranschaulicht die Systemdynamik.

Ein weiteres hervorragendes Tool für die Analyse der Beziehungsdynamiken kann man bei Napper und Newton (2000) finden. Sie haben in ihrem Buch über pädagogische Transaktionsanalyse (TACTICS) Lehrstile beschrieben, die auch hervorragende Beschreibungskategorien für Führungsbeziehungen und auch die Beziehungen von Mitarbeitern zu ihrer Organisation darstellen. Sie unterscheiden:

- *Liberaler Stil:* Der Leitende ist ein Anbieter von Wissen und Ressourcen für den anderen, mit denen der dann etwas machen kann oder nicht. Die Mitarbeiter sind eher unwissend und müssen mit Wissen gefüllt werden
- *Progressiver Stil:* Der Leitende führt in einem gerechten Kampf als erster in einer Schlachtordnung. Die Mitarbeiter sind verpflichtet zu folgen, sonst machen sie sich am Ganzen schuldig
- *Humanistischer Stil:* Der Leitende entwickelt seine Leute ganzheitlich und individuell. Der Mitarbeiter wird persönlich ganz vereinnahmt
- *Technologischer Stil:* Der Leitende vermittelt konkretes Vorgehen, Tipps und Tricks. Der Mitarbeiter ist formbares Material
- *Radikaler Stil:* Der Leitende ist einer unter anderen, die sich gemeinsam gegen die Außenwelt verteidigen müssen und dadurch gemeinsam Erfahrungen machen. Der Mitarbeiter hat keinen, der ihm Antworten geben kann und der Anbindung an das Unternehmen gewährleistet
- *Dogmatischer Stil:* Der Leitende ist der spezielle Guru. Der Mitarbeiter folgt diesem Guru oder er kann gehen. Platz für eine gewisse Vielfalt ist nicht vorhanden

ÜBUNG: Beziehungsstile

Gehen Sie im Geiste mal die unterschiedlichen Beziehungssysteme durch. Was sind die hervorstechenden Beziehungsstile in einer Organisationseinheit?

Transaction Quality Net

Um die Art der Kommunikation in einer Organisation zu erfassen, dient dieses Kurzinstrument.

ÜBUNG: Transaction Quality Net

Frage: In wieweit erfüllen die Transaktionsmuster in der Organisation nutz-bringende Kommunikationsregeln?
Bitte geben Sie dazu Ihre Einstufungen aufgrund der Erfahrungen, die Sie im Augenblick in Ihrer Organisation machen.

1. Sender der Kommunikation wählen jeweils einen **Weg**, wie sie mit dem Adressaten gut umgehen können.

   0 % 50 % 100 %

2. Sender wählen jeweils Formen, die von der **Gesamtauswirkung** für sie und die Adressaten insgesamt **ressourcenoptimal** sind.

   0 % 50 % 100 %

3. Die **Form der Kommunikation** berücksichtigt den Inhalt der Kommunikation (z.B. emotionale Inhalte bedürfen einer anderen Form als kurze Sachinformationen).

   0 % 50 % 100 %

4. Für wesentliche und entscheidende Beziehungssysteme in der Organisation (z.B. Führungsbeziehungen, wichtige Schnittstellen) existieren **Regelkommunikationsinstitutionen** (z.B. Führungsgespräche, Teamgespräche, Quartalsgespräche zur Klärung aufgelaufener Fragen).

   0 % 50 % 100 %

5. Die Kommunikation beinhaltet die wesentlichen **Inhalte der Sach-, Rollen- und persönlich-professionellen Beziehungsebenen**. Es gibt wenig verdeckte Kommunikation.

   0 % 50 % 100 %

Kommunikationsdynamiken sind die dynamischen Muster, die in einer Organisation den Austausch von Informationen und anderen Kommunikationsaspekten zwischen den Akteuren des Systems in einer bestimmten Situation oder Phase charakterisieren. Sie sind in jedem Unternehmen spezifisch und sie bestimmen den resultierenden Erfolg von Kommunikationsinhalten. Sie machen in erster Linie deutlich, dass nicht Kommunikationsinhalte an sich irgendeine Wirkung haben, sondern dass über die Art des Zusammenwirkens der Kommunikationspartner im Unternehmen ein Ergebnis von Kommunikation erzielt wird.

Systemische Problem-Lösungs-Analyse

Problemlösedynamiken sind Muster, wie Probleme und Lösungen in einem bestimmten dynamischen Ablauf verbunden sind. Probleme zu lösen, ist wesentlicher Inhalt unternehmerischer Tätigkeit. Unternehmen schaffen Problemlösungen. Wie sie das im Einzelnen tun, kann mit den Schritten der systemischen Problem-Lösungs-Analyse untersucht werden.

Grafik: Systemische Problem-Lösungs-Analyse

1. Die aktuelle Situation beschreiben
2. Die aktuelle Bewegungsdynamik von Problem und Lösung klären
3. Die Erklärung des Problems erfragen
4. Die positive Funktion (Ressourcenfunktion) des Problems klären
5. Die Ausnahmen des Problems identifizieren
6. Die bisherigen Lösungsversuche erfragen
7. Die Problem-Eskalierer identifizieren
8. Die zirkulären Bedingungen des Problems klären
9. Den Lösungsraum erfragen
10. Den Prozess betrachten

Ergänzend zur systemischen Problem-Lösungs-Analyse sind auch hervorragend Tools aus der Phase 2 des Coachingverlaufes (Konfliktphase) sowie alle Formen kollegialer Beratung (Schulze und Lohkamp 2005) oder geleiteter Supervisionsgruppen für Führungskräften (Mohr 1999; Mohr 2007) nutzbar. In allen diesen die Problemlösekultur fördernden Vorgehensweisen ist das Häusermodell aus Teil I wiederum ein nützliches Einzeltool.

Erfolgsdynamiken

Erfolgsdynamiken sind die Muster der Entstehung, Herstellung, Gestaltung und des Erlebens von Erfolg in einem System. Erfolg ist das Erreichen von explizit formulierten oder von implizit erwünschten Zielen. Hier empfehlen sich unter anderem Übungen aus dem Formenkreis des Appreciative Inquiry (siehe auch Kap. Personenqualifizierung – Menschenbild). Wichtig ist dabei nach der Übung die Zusammenführung der Ergebnisse hin zum Gemeinsamen.

ÜBUNG: Wertschätzende Befragung für den Aspekt »Erfolg«

Gehen Sie im Geiste in eine (berufsbezogene) Situation der letzten Zeit, die Sie für sich persönlich sehr erfolgreich gemeistert haben. Betrachten Sie nur die positive Seite davon. Lassen Sie kritische Aspekte einmal völlig außer Acht, so sehr sie auch anklopfen. Versetzen Sie sich in die Situation hinein, in der Sie den Erfolg erzielt haben. Lassen Sie sich jeweils ein wenig Zeit bei den folgenden Fragen und notieren Sie für Ihren Partner ein Stichwort.

1. Wie ist es zu dem Erfolg gekommen?

   ....

2. Wie haben Sie das erfolgreiche Projekt in die Wege geleitet?

   ....

3. Was haben Sie für den Erfolg genau getan?

   ....

4. Wen haben Sie noch miteinbezogen?

   ....

5. Wie haben Sie den Erfolg erlebt und gespürt?

   ....

6. Jetzt dürfen Sie einmal ganz unbescheiden sein: Sprechen Sie darüber, was in der letzten Zeit Ihre besonderen Qualitäten und Stärken bei der Arbeit sind.
   Was sind Ihre besonderen Eigenschaften und Beiträge? Wie zeigen Sie diese konkret?

   ....

   Was können Sie aus diesen Überlegungen als Resultate mitnehmen?

   ....

Die Welt läuft nicht immer so, wie man es sich wünscht. Dies konnten in der Wirtschaftskrise viele Unternehmen feststellen. Ziele und Planungen für das Jahr 2009 waren nur noch Schall und Rauch. Entsprechend gilt es neue Erfolgsdefinitionen vorzunehmen.

ÜBUNG: Erfolge definieren

Stellen Sie sich drei Situationen aus Ihrer Praxis vor, in denen die vorher aufgestellten Ziele nicht erreicht wurden. Sie stehen in Verantwortung gegenüber Mitarbeitern oder Kollegen. Beschönigen Sie die Situation nicht. Dennoch wollen Sie ergründen, wofür die vorausgegangene Arbeit gut war. Welche Vorteile kann man in der neuen Situation erkennen?

Gleichgewichtsdynamiken – auf dem Weg zur Organisationsveränderung

Ein Gleichgewicht ist der Zustand eines Systems, der die Systemkräfte für eine bestimmte Zeit ausbalanciert und dadurch ein sich aufrechterhaltendes inneres Muster für das System ausbildet. Gerade in der Bewegung zwischen Gleichgewichten entstehen Risiken, die aber durch Organisationsentwicklungs-Interventionen entschärft werden können. Dazu im Folgenden ein Beispiel der Anwendung einer Kombination der Berne'schen und English'schen Motivationstheorie während eines Veränderungsprozesses.

Beispiel für eine Motivationsanalyse in einem Veränderungsprozess

Motivationaler Aspekt	Aufpassen auf …	Zu tun …
B1: Das Bedürfnis nach Stimulus	• Zu wenig Stimulation auf der Erwachsenen-Ich-Ebene *»Wo ist der Sinn des ganzen Projektes?«*	• Kraftvolle stimulierende Begründung • Blinde Veränderungs-»manie« vermeiden
B2: Das Bedürfnis nach Anerkennung	• Zu wenig Anerkennung, z.B. weil gerade am Anfang auch viele Fehler passieren *»Was wir machen, ist falsch.«*	• Errungenschaften würdigen • Anerkennung für erste Schritte, Meilensteine • Fehler als Lernimpulse definieren, nicht als Symptome für Unfähigkeit
B3: Das Bedürfnis nach Struktur	• Zu wenig Struktur *»Wir wissen nicht, was morgen ist.«*	• Information über die Struktur des Prozesses geben
B4: Das Bedürfnis nach Führung	• Zu wenig Führung; Freilassen von Führungsstellen *»Wir sparen Geld durch Freilassen von Führungsstellen.«*	• Für Information und Kommunikation sorgen • Illusionen der Kostenersparnis konfrontieren
E1: Die Überlebenstriebskraft	• Zu viel Fokussierung auf Überleben (Survivor-Syndrom) *»Diesmal hatte ich noch mal Glück.«*	• Neue Sicherheiten ansprechen • Den Ausdruckstrieb einladen
E2: Die Ausdruckstriebskraft	• Zu wenig Beachtung des Ausdruckstriebs *»Überhaupt keine Idee wird angenommen.«*	• Aktive Unterstützung kreativer Ideen und Leute
E3: Die Ruhetriebkraft	• Zu wenig Erholung, Burnout-Syndrom *»Ich schlafe seit Wochen sehr schlecht.«*	• Abwechseln von Hochaktiv- und Ruhephasen • Abwechseln der Veränderungspunkte

Rekursivität

Rekursivität beschreibt den Grad der Wiederholung einzelner Systemcharakteristiken auf den unterschiedlichen Ebenen und in den verschiedenen Einheiten des Systems.

Um die Rekursivität in Unternehmen aufzudecken, kann man folgende Übung machen.

ÜBUNG: Überlappung

Inwieweit sind in Ihrer Organisation horizontal und vertikal in der Hierarchie »Überlappungen« institutionalisiert? Beispielsweise, dass jeweils ein Mitglied der benachbarten Abteilung oder untergeordneten Einheit an den Entscheidungen und Informationen einer Organisationseinheit teilhat?

Äußere Pulsation

Äußere Pulsation ist der Bewegungsprozess einer Organisation, wenn sie wächst oder wenn sie schrumpft, ihren Ring weiter oder enger zieht. Der beste Weg, sich die äußere Pulsation klar zu machen, ist eine Visualisierung. Oft müssen Selbstverständlichkeiten wie die Einbeziehung der Kunden oder der Investoren in das System einfach nur erwähnt und benannt werden.

Grafik: Metarollen eines Unternehmens-Systems und äußere Grenzlinie

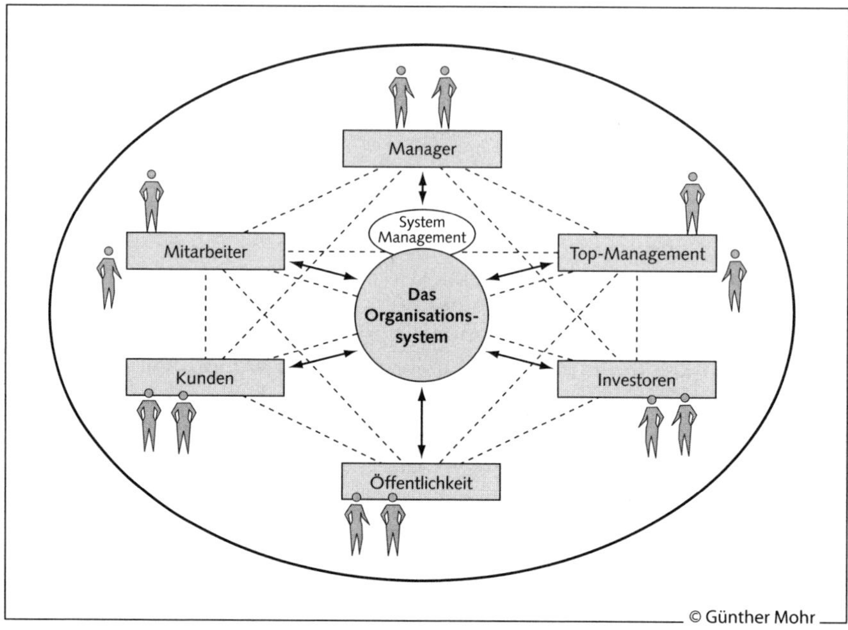

Grafik: Das Bindungsmodell

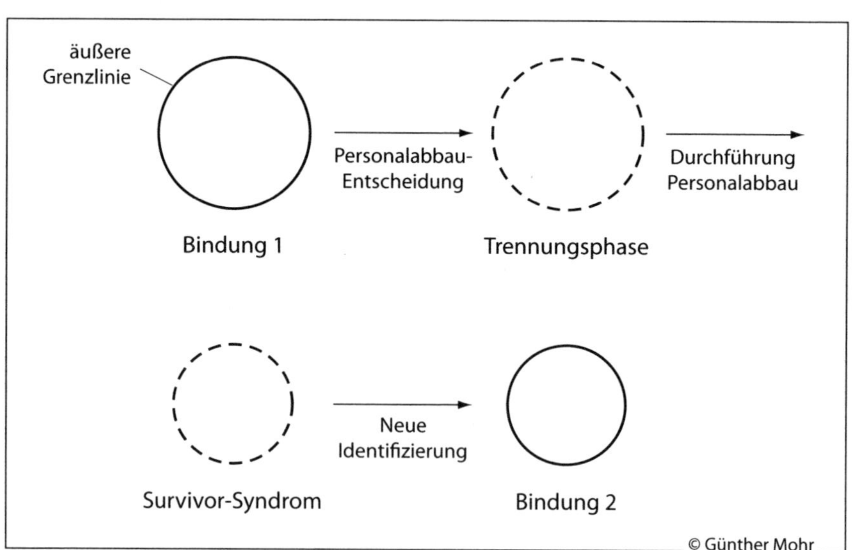

ÜBUNG: Auswirkungen an den äußeren Grenzlinien

Frage: Welche Erfahrungen haben Sie mit Veränderungen einer Organisation an den äußeren Grenzlinien? Welche gravierenden Auswirkungen zeigten sich?

(Zum Beispiel durch Konzentration auf Vertrieb und entsprechende Einstellungspraxis ergab sich ein »Braindrain an Fachwissen«. Das heißt ein Abwandern oder nicht ausreichendes Zuwandern in bestimmten Bereichen. Durch Outsourcing bestimmter Aufgaben werden dann für das Schnittstellenmanagement mit dann Externen neue, qualifiziertere Manager benötigt.)

Frage: Wie hat sich die Beziehungsqualität zwischen Mitarbeiter und Unternehmen durch eine vorgenommene Veränderung der äußeren Pulsation (Grenzlinie weiter nach innen, weiter nach außen; größere Durchlässigkeit, geringere Durchlässigkeit) verändert?

(Zum Beispiel bestimmte Bereiche überaltern durch Einstellungsstopp. Durch Erleben von Willkür beim Trennungsprozess geht Vertrauen in die Firma verloren. Viele leiden unter dem Survivor-Syndrom. Sie sind faktisch nicht vom Stellenabbau betroffen, fühlen sich aber mental stark betroffen. Söldnermentalität entsteht.)

Innere Pulsation

Innere Pulsation bezeichnet die relative Entwicklung von Subsystemen einer Organisation zueinander.

ÜBUNG: Größenveränderungen einzelner Bereiche

Frage: Wie geschehen zurzeit Veränderungen der internen Organisationsstruktur in Bezug auf die Größe einzelner Bereiche zueinander?

ÜBUNG: Grundbotschaften zum »Skript« eines organisationalen Subsystems

Prüfen Sie anhand der folgenden Tabelle welche Grundbotschaften in ihrem Team existieren. Besteht eventuell ein »Neu-Entscheidungsbedarf«?

Thema	Negative Rahmen-Botschaft	Befreiende Eigen-entscheidung	Wo und wie haben wir »Neu-Entscheidungs-bedarf«?
1 **Existenz**	Seid nicht!	Wir sind willkommen. Wir tragen Entscheidendes bei.	
2 **Eigenart**	Seid nicht Ihr selbst!	Wir dürfen unsere Eigenart haben.	
3 **Zugehörigkeit**	Gehört nicht dazu!	Wir gehören dazu.	
4 **Bedeutung**	Seid nicht wichtig!	Wir sind wichtig und liefern einen wichtigen Beitrag.	
5 **Weibliche und männliche Identität**	Seid keine »Mädchen«! Seid keine »Machos«!	Wir dürfen männliche und weibliche Qualitäten leben.	
6 **Ursprüngliche unkonventionelle Kreativität**	Seid nicht kindisch!	Wir dürfen ursprünglich und unkonventionell sein!	
7 **Professionalität**	Werdet nicht professionell!	Wir dürfen professionell sein und uns entwickeln.	
8 **Seniorität**	Werdet nicht weise!	Wir dürfen eine weise Expertise entwickeln.	
9 **Gesundheit und Leistungsbalance**	Achtet nicht auf Gesundheit!	Wir dürfen Gesundheit und Leistung beachten.	
10 **Fühlen**	Gefühle zählen nicht!	Wir dürfen Gefühle haben und sie zeigen, äußern und nützen.	

11 **Denken**	Denkt nicht!	Wir dürfen denken und Lösungen finden.	
12 **Handeln**	Tut nichts!	Wir dürfen handeln und Dinge umsetzen.	
13 **Nähe**	Seid nicht nahe, haltet Euch voneinander fern!	Wir dürfen persönlich-professionelle Nähe leben und genießen.	
14 **Erfolg**	Schafft's nicht!	Wir dürfen erfolgreich sein und den Erfolg erleben und genießen.	

nach Robert und Mary Goulding, Changing Lives through Redicision Therapy 1979

8. Einordnung der Tiefenbilder von Organisationen

Für den tatsächlich gelebten Aufmerksamkeitsfokus in einem unternehmerischen System gibt es grundlegende Tiefenbilder, die sich Menschen vom Gesamtgeschehen und von der Identität einer Organisation machen. Eine Behörde wird anders wahrgenommen als eine Werbeagentur oder eine Bank. Solche Bilder bringen alle Unternehmensangehörigen mit, vom Vorstandsvorsitzenden bis zur Reinigungskraft. Es sind wesentliche Muster für die Wirklichkeitskonstruktion. Sobald ein bestimmtes bekanntes Bild angesprochen wird, werden Assoziationen lebendig. Extrem unterschiedlich stellen sich dabei das betriebswirtschaftlich-technische und das familienähnliche Modell dar. Eine Zielvorstellung aus der Organisationstheorie stellt das Modell der »intelligenten Organisation« dar.

ÜBUNG: Welchem Modell entspricht Ihre Organisation?

In der praktischen Arbeit mit dieser Tabelle, sollte man neben den drei Modellen noch ein weißes Feld lassen, in dem die »Erforschenden« jeweils die im Fokus stehende Organisation im Vergleich zu den idealtypischen Modellen beschreiben können.

	Das betriebswirtschaftlich-technische Modell	**Das »familienähnliche« Modell der Organisation**	**Das Modell »Intelligente« Organisation**
Grundcharakteristik	– die Organisation ist wie eine Maschine – sie lässt sich in einer ingenieurwissenschaftlichen mathematischen Gleichung erfassen	– die Organisation ist von ihren Beziehungen her wie eine Familie	– eine Organisation entwickelt ständig die Struktur und die Abläufe, die ihre langfristige Anpassung an äußere und innere Anforderungen am ehesten gewährleisten
SYSTEM-STRUKTUR			
1. Aufmerksamkeits-Fokussierung I	– es geht um die richtige Kombination der Produktionsfaktoren Betriebsmittel und Arbeitskräfte	– man weiß sehr viel über den anderen	– Schaffung vieler Achtsamkeitssysteme, die nicht an einzelne Personen gebunden sind

1. Aufmerksamkeits-Fokussierung II	– Gewinn als einzige Maxime	– der langfristige Erhalt der Beziehungen (»auch der schlechten«) ist das Wichtigste	– der langfristige Selbsterhalt der Organisation, solange es eine »Passung« mit einem Markt gibt
2. Rollen	– Rollen sind nach klaren ökonomischen Notwendigkeiten ohne Ansehen von Personen bis ins Kleinste designt und ihre Performance wird danach kontrolliert	– Entscheidungen werden von Fall zu Fall durch die Firmen-»Eltern« getroffen – in vielen Systemen steht eine Frau dem »Patriarchen« zur Seite	– Rollen sind in ihrem wesentlichen Kern definiert (»Kernprägnanz«) und in Verantwortung, Können und Zuständigkeit klar
3. Beziehungen	– Bindung durch Einpassung in den Produktionsprozess und Faktorentlohnung	– schafft Bindung auf einer sehr unbewussten Ebene	– Bindung durch interessante Professionsausübung und professionell-persönl. Kommunikation
SYSTEM-PROZESSE			
4. Kommunikations-Dynamik I	– Information geschieht primär über Controlling	– Information läuft über Lieblingsbeziehungen – impulsive, wenig gesteuerte Entstehung von neuer Information	– die inneren Informations- und Kommunikationssysteme sind so effizient, dass die relevanten Informationen kommuniziert werden – Prinzip der Rekursivität wird gebraucht
4. Kommunikations-Dynamik II	– kein Raum für »Sentimentalität«; emotional sehr uninteressant; Personal- und Organisationsentwicklung sind verzichtbar	– jeder bringt unerfüllte Sehnsüchte mit – diese werden manchmal erfüllt	– Institutionen zur Klärung der Rollen (PE-Instrumente genutzt)
5. Problemlösungs-Dynamik	– Abläufe sind klar und eindeutig festgelegt – für kreative Intelligenz und Flexibilität bleibt wenig Raum	– Mitarbeiter sehnen sich nach mehr festgelegten, vorschriftlichen Strukturen	– die Intelligenz der Organisation ist dabei unabhängig von der Intelligenz der Mitarbeiter der Organisation
6. Erfolgs-Dynamik	– Gewinn als einzige Maxime	– der langfristige Erhalt der Beziehungen (»auch der schlechten«) ist das Wichtigste	– der langfristige Selbsterhalt der Organisation, solange es eine »Passung« mit einem

		– außerdem das Verbleiben des Unternehmens in der »Familie«	Markt gibt
SYSTEM-BALANCEN			
7. Gleichgewichte I	– Beurteilung und Entwicklung nach Leistung	– »Adoptionsprinzip« ist Teil des familiären Prinzips	– faire und offene Kommunikations- und Entwicklungssysteme
7. Gleichgewichte II	– genaue Festlegung der Prozesse und Abläufe bis ins Kleinste nach reinen Effizienzkriterien	– wenig formale Instrumentarien, Regelungen und kaum festgelegte Entscheidungsprozeduren	– zeigt Anpassungsfähigkeit an Markt- und andere Umweltveränderungen sowie an die internen Ressourcen (Kapital, Menschen, Information, ...)
8. Rekursivität	– die Vorgabe und die festgelegten Abläufe gewährleisten die Ähnlichkeit	– durch die engen persönlichen und privaten Beziehungen Gesamtzusammenhang sehr differenzierte Teilfamilien	– »Syntegrity«: in jeder Teamsitzung ist einer aus einem Nachbarteam anwesend – ständige Pflege und Reflektion gemeinsamer Prinzipien
SYSTEM-PULSATION			
9. Äußere Pulsation	– Lösung, wenn der Produktionsfaktor nicht mehr passt – von Zeit zu Zeit Überprüfung der Struktur	– das Lösen aus einem familiären System ist eigentlich per definitionem nicht möglich (»man kann Kinder nicht entlassen«); in der Praxis einer schwierigen Scheidung ähnlich – Stellen werden innerhalb der »Familie« vergeben	– Mitglieder der Organisation sind Lebensabschnittsgefährten, sie bleiben, solange es passt (individuelle Ziele und Performance mit denen der Organisation als Ganzes stimmen überein), sie können aber auch woanders ihr »Glück finden« – Offenheit für Informationen und Mitarbeiter von außen
10. Innere Pulsation	– Produktionsfaktoren werden nach ingenieurwisssenschaftlichen Grundsätzen kombiniert	– Innere Umstrukturierungen werden nach Bedürftigkeiten der Personen vorgenommen	– Anpassung der inneren Struktur an die äußeren Anforderungen – Varietätsgesetz: Innere Varietät spiegelt äußere wider

9. Der Fragebogen

SCISOA (Scoring Instrument for the Systemic Organisation Analysis)

DYNAMIK DER AUFMERKSAMKEIT

Diagnostische Fragen: (Beziehen Sie die Fragen auf die von Ihnen betrachtete Organisationseinheit)	Bitte tragen Sie jeweils Ihre Einschätzung mit einer Prozentzahl ein!
1. Inwieweit ist zurzeit ein klares **offizielles Ziel** der Organisationseinheit formuliert?	0 % ....100 %
2. Inwieweit sind zur Zeit die relevanten Punkte, für die die Organisationseinheit da ist, in der tatsächlichen gelebten **Aufmerksamkeit** der Leute?	0 % ....100 %
3. Inwieweit gibt es in der Organisationseinheit eine **einheitliche Orientierung** der Aufmerksamkeit?	0 % ....100 %
4. Wie sehr ist das, was die Organisationseinheit tut, an die Gesamtorganisationsziele **angekoppelt**?	0 % ....100 %
5. In wieweit ist für die Mitarbeiter eine **normative** Ausrichtung (Sinn, Beitrag zum Ganzen, zur Gesellschaft, Ethik, ...) sichtbar?	0 % ....100 %
6. Wie deutlich ist eine **Strategie** (mittelfristige Ausrichtung des Weges der Organisation)?	0 % ....100 %
7. Wie klar ist die effiziente **operative** Aufgabenerfüllung am einzelnen Arbeitsplatz definiert und sichtbar?	0 % ....100 %
	Summe der Prozentwerte = Durchschnittswert (: 7) =

DYNAMIK DER ROLLEN

Diagnostische Fragen:	Ihre Einschätzung in Prozent:
1. Inwieweit sind die Rollen momentan im System **transparent und klar**?	0 % .... 100 %
2. Wie werden die Rollen **eingehalten**?	0 % .... 100 %
3. Wie bilden die Rollen zurzeit die **Herausforderungen** der Organisationseinheit ab?	0 % .... 100 %
4. Wie sind die Rollen zurzeit mit fach- und sozialkompetenten Leuten **besetzt**?	0 % .... 100 %
5. In welchem Ausmaß haben sich die Rollen in den letzten zwei Jahren den Entwicklungen **angepasst**?	0 % .... 100 %
6. Wie passend sind die Organisationsrollen im Vergleich zur Komplexität des »Marktes« **differenziert**?	0 % .... 100 %
7. In wieweit ist die **Balance zwischen den Lebenswelten** (Organisations-, Professions-, Privat- und Gemeinwesenwelt) ein Thema in der Organisation?	0 % .... 100 %
	Summe der Prozentwerte = Durchschnittswert (: 7) =

DYNAMIK DER BEZIEHUNGEN

Diagnostische Fragen:	Ihre Einschätzung in Prozent:
1. In wieweit tragen die Beziehungen zwischen den Rollen zur Zeit zum **Gedeihen der Organisation** bei?	0 % .... 100 %
2. In wieweit gibt es **Wertschätzung** für alle Rollen in der Organisation?	0 % .... 100 %
3. In wieweit ist der Einfluss der **Organisationsbeziehungen gegenüber privatpersönlichen Beziehungen** von Vorrang?	0 % .... 100 %
4. Wie sehr ist die **Unternehmensleitung als Beziehungspartner** sichtbar?	0 % .... 100 %
5. Wie gut ist für Sie der wichtigste Beziehungspartner in der Organisation **erreichbar**?	0 % .... 100 %
6. Wie adäquat passen sich Form und Qualität der Beziehungen notwendigen **Veränderungen** an?	0 % .... 100 %
7. Wie verlässlich ist die **Beziehung zum Unternehmen** auch in Krisenphasen des Einzelnen?	0 % .... 100 %
	Summe der Prozentwerte = Durchschnittswert (: 7) =

KOMMUNIKATIONS-DYNAMIKEN

Diagnostische Fragen:	Ihre Einschätzung in Prozent:
1. In wieweit werden **Institutionen der Kommunikation** (Mitarbeitergespräche, Teambesprechungen) realisiert?	0 % .... 100 %
2. In wieweit ist **Offenheit und Authentizität** in der Kommunikation möglich?	0 % .... 100 %
3. In wieweit sind **Emotionen** in die Kommunikation eingeschlossen?	0 % .... 100 %
4. In wieweit sind **dialogische Kommunikationsprozesse** realisiert?	0 % .... 100 %
5. In wieweit wird in der Kommunikation **gegenseitige Wertschätzung** geäußert?	0 % .... 100 %
6. In wieweit werden **Wünsche, Bitten und Anweisungen** klar und deutlich formuliert?	0 % .... 100 %
7. In wieweit werden die **Techniken der Kommunikation** angemessen verwendet? (z.B. E-Mail, persönliche Kommunikation)?	0 % .... 100 %
	Summe der Prozentwerte = Durchschnittswert (: 7) =

PROBLEMLÖSUNGS-DYNAMIKEN

Diagnostische Fragen:	Ihre Einschätzung in Prozent:
1. In wieweit versteht sich die **Organisation insgesamt als Problemlöser**?	0 % ....100 %
2. In wieweit werden die momentanen **Probleme der Organisation offen benannt**?	0 % ....100 %
3. In wieweit sind die Muster, mit Problemen und Lösungen umzugehen, **effizient**?	0 % ....100 %
4. In wieweit werden **Emotionen** im Zusammenhang mit Problemen adäquat berücksichtigt?	0 % ....100 %
5. In wieweit kann man von einer **positiven Lösungsorientierung** (Spaß am Lösen von Problemen) sprechen?	0 % ....100 %
6. In wieweit werden auch **Lösungs-Tabu-Bereiche** angepackt?	0 % ....100 %
7. In wieweit werden **effiziente Prozeduren** (Tools, Kollegiale Beratung, …) für die Problemlösung genutzt?	0 % ....100 %
	Summe der Prozentwerte = Durchschnittswert (: 7) =

ERFOLGS-DYNAMIKEN

Diagnostische Fragen:	Ihre Einschätzung in Prozent:
1. In wieweit ist der Erfolg der Organisation und der Organisationseinheit ein **Thema**?	0 % .... 100 %
2. In wieweit sind klare und gelebte **Erfolgskriterien** vorhanden?	0 % .... 100 %
3. In wieweit ist es **möglich**, tatsächlich erfolgreich zu sein?	0 % .... 100 %
4. In wieweit werden Erfolge, Fortschritte, Rückschritte und Misserfolg **offen benannt**?	0 % .... 100 %
5. In wieweit werden Erfolge und ihre **Anerkennung** angemessen dargestellt und gewürdigt?	0 % .... 100 %
6. In wieweit werden angemessene **Korrekturen bei Fehlern** eingesetzt?	0 % .... 100 %
7. In wieweit werden Muster, mit denen man Erfolg vermeidet, **konsequent** angegangen?	0 % .... 100 %
	Summe der Prozentwerte = Durchschnittswert (: 7) =

DYNAMIK DER GLEICHGEWICHTE

Diagnostische Fragen:	Ihre Einschätzung in Prozent:
1. In wieweit befindet sich das Unternehmen zurzeit in einem **ausgeglichenen, stabilen Zustand**?	0 % .... 100 %
2. In wieweit sieht man sich auf dem **Weg zu gewünschten Zielen**?	0 % .... 100 %
3. Wie robust erscheint der Umgang der Organisation auch mit **schwierigen Zuständen**?	0 % .... 100 %
4. In wieweit sind **Zukunftsziele oder Visionen** für die Entwicklung vorhanden?	0 % .... 100 %
5. In wieweit ist das Unternehmen auf die **Hier-und-Jetzt-Situation** und nicht auf vergangene oder weit in der Zukunft liegende Zustände bezogen?	0 % .... 100 %
6. Wie gelingen dem Unternehmen **Veränderungsprozesse** der Organisation von einem Punkt A hin zu einem Punkt B?	0 % .... 100 %
7. In wieweit sind **Gleichgewichtszustände der Vergangenheit** tatsächlich verabschiedet?	0 % .... 100 %
	Summe der Prozentwerte = Durchschnittswert (: 7) =

DYNAMIK DER REKURSIVITÄT

Diagnostische Fragen:	Ihre Einschätzung in Prozent:
1. In wieweit sind **einheitliche Prinzipien** in der Organisation realisiert?	0 % .... 100 %
2. In wieweit gibt es in der **Leitung des Unternehmens** dieselben Prinzipien wie in anderen Segmenten des Unternehmens?	0 % .... 100 %
3. In wieweit wird im Unternehmen mit **»einerlei Maß«** gemessen?	0 % .... 100 %
4. In wieweit werden **geschäftsprozessübergreifende Zusammenkünfte** realisiert?	0 % .... 100 %
5. In wieweit ist die **»Kultur«, die Art** der Zusammenarbeit in unterschiedlichen Bereichen **transparent**?	0 % .... 100 %
6. In wieweit haben übergreifende **Stabsstellen wie Personal oder Organisationsentwicklung** Einfluss auf die Kultur des Unternehmens?	0 % .... 100 %
7. In wieweit wird die Organisation als ein **positiv notwendiges Zusammenwirken** von Subsystemen begriffen?	0 % .... 100 %
	Summe der Prozentwerte = Durchschnittswert (: 7) =

DYNAMIK DER ÄUSSEREN PULSATION

Diagnostische Fragen:	Ihre Einschätzung in Prozent:
1. Wie stark ist das Unternehmen momentan auf **Wachstumskurs**?	0 % ....100 %
2. Wie stark ist die **Bindungskraft** des Unternehmens im Vergleich zu konkurrierenden Arbeitsplatzangeboten anderer Unternehmen und Branchen?	0 % ....100 %
3. Wie groß ist die **Attraktivität** des Unternehmens als Arbeitgeber für engagierte, aufstrebende Mitarbeiter?	0 % ....100 %
4. In wieweit haben übergreifende »Kultur«-stellen wie Personal oder Organisationsentwicklung **Einfluss auf die Kultur** des Unternehmens?	0 % ....100 %
5. In wieweit werden **Outsourcing und Insourcingprozesse** nach angemessenen Kriterien vollzogen?	0 % ....100 %
6. In wieweit ist ein guter **Zustrom von Informationen** in das Unternehmen gewährleistet?	0 % ....100 %
7. In wieweit ist das Unternehmen gegen den unkontrollierten Abfluss von internem Know How **geschützt**?	0 % ....100 %
	Summe der Prozentwerte = Durchschnittswert (: 7) =

DYNAMIK DER INNEREN PULSATION

Diagnostische Fragen:	Ihre Einschätzung in Prozent:
1. In wieweit ist die Zusammenarbeit zwischen einzelnen Bereichen des Unternehmens im Moment durch **gegenseitige Wertschätzung** geprägt?	0 % .... 100 %
2. In wieweit erfolgt die **Anregung** von **Veränderungen der internen Struktur** auch von den betroffenen Bereichen selbst?	0 % .... 100 %
3. In wieweit sind die wechselseitigen internen Geschäftsprozesse zwischen Subsystemen durch **Effizienz** geprägt?	0 % .... 100 %
4. In wieweit ist die **interne Strukturierung** des Unternehmens durch betriebswirtschaftliche Gesichtspunkte bestimmt?	0 % .... 100 %
5. In wieweit **bildet** das Unternehmen intern die **Komplexität** der bearbeiteten Märkte **optimal ab** (nicht zu komplex und nicht zu einfach)?	0 % .... 100 %
6. In wieweit wird die Organisation als ein **Zusammenwirken von notwendigen Subsystemen** begriffen?	0 % .... 100 %
7. Wie angemessen finden **Anpassungsprozesse der internen Organisationsstruktur** an die Anforderungen des Marktes statt?	0 % .... 100 %
	Summe der Prozentwerte = Durchschnittswert (: 7) =

Auswertung:

Sie können nun die Durchschnittswerte der einzelnen Dynamik-Dimensionen miteinander vergleichen und sehen, wo, relativ gesehen, Problembereiche liegen und wo dringender Handlungsbedarf vorliegt. Dennoch bleibt aus systemischer Perspektive immer zu überlegen, wo der beste Ansatzpunkt ist. Dies muss nicht immer das schwierigste Feld sein. Es kann auch der Bereich mit der schnellsten Korrekturmöglichkeit sein. Allerdings bleibt zu bedenken, dass in den schwachen Bereichen die operationellen Risiken liegen, wie man dies heute nennt.

Maximal sind pro Dynamik 100 Prozentpunkte erreichbar. Wenn eine Organisation in ihrem Gesamtpunktewert als Summe aller Dynamiken unter 500 Punkten liegt oder in fünf der zehn Dimensionen jeweils unter 50 Punkten, ist es um die Organisation schlecht bestellt. Gute Organisationen erreichen ab 750 Punkte.

10. Systemintelligenz schlägt Personenintelligenz

Im ersten Teil ging es mehr um die Entfaltung der Personenintelligenz für Organisationen. Im zweiten Teil stand die Systemintelligenz – also der Versuch ein System in seiner Intelligenz zu betrachten und Entwicklungsansätze zu finden – im Vordergrund. Die Systemmerkmale als Dimensionen der Gemeinschaft entscheiden über die Bandbreite, die der Einzelne von seinen Möglichkeiten in einer Organisation realisieren kann. Verantwortliche einer Organisation oder eines Unternehmens müssen darauf achten, die Systembedingungen so zu gestalten, dass Personenintelligenz in der Breite wirksam werden kann. Dies ist nicht trivial. Es bedeutet, die Bedingungen so zu gestalten, dass alle Menschen im Unternehmen sich so weit hin zum Unternehmensziel entfalten können, wie es geht. Gleichzeitig ist das aber auch eine Einschränkung einzelner überhöhter individueller Ansprüche an Freiheitsräume. Passung muss hergestellt werden zwischen der Person und dem System (Schmid und Messmer 2005). Es gilt, die verschiedenen Ansprüche an eine Organisation – die des Einzelnen und die der Organisation selbst – wirksam werden zu lassen. So können Leistung und umfassende Gesundheit der Mitarbeiter als Ziele gewährleistet werden.

Literatur

Allen, J. (2003): Concepts, competencies, and interpretive communities, in: Transactional Analysis Journal, 33, 2, S. 126-147.

Beer, S. (1994): Beyond dispute: The invention of team syntegrity (Managerial cybernetics of organization), New York: Wiley.

Berne, E. (1966): Principles of group treatment, Oxford Univ. Press.

Berne, E. (1970): Games people play, New York 1964; dt. (1967): Spiele der Erwachsenen, Reinbek: Rowohlt.

Berne, E. (1979): Struktur und Dynamik von Organisationen und Gruppen, München: Kindler.

Berne, E. (1983): Was sagen Sie, nachdem Sie Guten Tag gesagt haben?, Frankfurt: Fischer.

Berne, E. (2001): Die Transaktionsanalyse in der Psychotherapie, Paderborn: Junfermann.

Berne, E. (2005): Grundlagen der Gruppenbehandlung, Paderborn: Junfermann.

Boszormenyi-Nagy, I. und Spark, G. (1973): Invisible loyalties: Reciprocity in intergenerational family therapy, New York.

Buchinger, K. (1999): Organisation und Psyche, Vortrag beim 2. Weltkongress für Psychotherapie, 4.-8.7. in Wien, Mülheim: Auditorium Netzwerk.

Christoph-Lemke, C. & Weil, T. (1997): Antwort auf Leonhard Schlegel »Was ist Transaktionsanalyse?«, in: Zeitschrift für Transaktionsanalyse, 14, 1-2, S. 43-55.

Clarkson, P. (1996): Transaktionsanalytische Psychotherapie, Freibug: Herder.

Cooperrider, D. und Srivasta, S. (1987): Appreciative inquiry in organizational life, in: Pasmore, W. & Woodman, R. (Hg.): Research in organization change and development (Vol. 1, S. 129-169). Greenich, Connecticut; JAI Press.

Dehner, U.(2001): Die alltäglichen Spielchen im Büro, Frankfurt a.M.: Campus.

English, F. (1977). What shall we do tomorrow? Reconceptualizing transactional analysis, pp. 287-347, in: Barnes (Ed.): Transactional analysis after Eric Berne, New York: Harper's College Press.

English, F. (2004): Family Influences and Unconscious Drives: Motivators of Career Choices, in: www.carrertrainer.com.

English, F. (2008): Transaktionsanalyse, Gefühle und Ersatzgefühle in Beziehungen, 8. Aufl., Salzhausen: iskopress.

English, F. und Karnath, J. (2009): Lebenscoaching, Salzhausen: iskopress.

Gendlin, E. (1998): Focusing. Technik der Selbsthilfe bei der Lösung persönlicher Probleme, Reinbek: Rowohlt.

Gerhold, D. (2005): Das Kommunikationsmodell der Transaktionsanalyse, Paderborn Junfermann.

Gührs, M. und Nowak, C. (2003): Trainingshandbuch zur konstruktiven Gesprächsführung, Meezen: Limmer.

Hagehülsmann, U. und H. (1998): Der Mensch im Spannungsfeld seiner Organisation, Paderborn: Junfermann.

Handy, C. (1993): The age of unreason. Cambridge, MA.: Harvard Business School Press.

Harris, T.A. (1973): Ich bin o.k. – Du bist o.k., Reinbek: Rowohlt.

Hay, J. (1980): Working it out at work, Watford: Sherwood Publishing.

Hennig, G. und Pelz, G. (2002): Lehrbuch der Transaktionsanalyse, Paderborn: Junfermann.

Hewitt, G. (1995): Cycles of psychotherapy, Transactional Analysis Journal, 25, 3, S. 200-207.

Hewitt, G. (2003): Cycles of supervision, Presentation at the ITAA-Conference, Oaxaca, Mexiko.

Höher, P. (2007): Coaching als Methode des Organisationslernens, Bergisch-Gladbach: EHP.

Holler, I. (2003): Trainigsbuch Gewaltfreie Kommunikation, Paderborn: Junfermann.

James, J. (1973): The game plan, Transactional Analysis Journal, 3, 4, S. 14-17.

James. M. u. D. Jongeward (1974): Spontan leben, Übungen zur Selbstverwirklichung, Reinbek: Rowohlt.

Kälin, K. und Müri, P. (1998): Sich und andere führen, 10. Aufl., Thun: Ott.

Kahler, T. (1977): The miniscript. In: G. Barnes, (Ed.): Transactional analysis after Eric Berne. Teaching und practices of three TA schools. N.Y., S. 223-256, dt.: (1977): Das Miniskript. In: Barnes, G, u.a.: Transaktionsanalyse seit Eric Berne, Bd. 2; Berlin, S. 91-132.

Kohlrieser, G.: (2005): Leadership, Vortrag im Rahmen einer Veranstaltung des IMD, Lausanne, in Basel, Dezember 2005.

Königswieser, R. und Hillebrand, M. (2004): Einführung in die systemische Organisationsberatung, Heidelberg: Auer.

Köster, R. (1999): Von Antreiberdynamiken zur Erfüllung grundlegender Bedürfnisse. In: Zeitschrift für Transaktionsanalyse 16, 4, S. 145-169.

Kreyenberg, J. (2003): TA as a systemic constructivistic approach, INTAND Vo. 11, Nr. 1.

Kreyenberg, J. (2003): Arbeitstil- und Kommunikationsanalyse mithilfe des Konzepts »Antreiber« (AKA), in: Zeitschrift für Transaktionsanalyse, S. 64-73.

Kreyenberg, J. (2004): Handbuch Konfliktmanagement, Stuttgart: Cornelsen.

Kreyenberg, J. (2008): 99 Tipps zum Coachen von Mitarbeitern, Berlin: Cornelsen.

Luhmann, N. (1988): Selbstreferentielle Systeme, in: Simon, F.B.: Lebende Systeme, Heidelberg u.a.: Springer, S. 47-53.

Maslow, A. (1970**):** Motivation and personality, New York: Harper (2nd. Edition).

Maturana, H. u. Varela, F. (1987): Der Baum der Erkenntnis, Hamburg: Scherz.

Mautsch, F. (2004): Vertragsarbeit – Wie kommen wir zu einem gemeinsamen Arbeitsbündnis?, in: Rauen, C. (Hrsg.): Coaching-Tools, Bonn: ManagerSeminare, S. 65-71.

McClelland, D. (1953): The achievement motive, New York: Harper & Row.

Mohr, G. (1999): Führungskräftesupervision, Zeitschrift für Transaktionsanalyse, 16, S. 51-71.

Mohr, G. (2000): Lebendige Unternehmen führen, Frankfurt: FAZ.

Mohr, G. (2001): Neopsyche: Wie erwachsen ist das Ich?, in: Zeitschrift für Transaktionsanalyse, 18, 1-2, S. 42-58.

Mohr, G. (2003): Persönlichkeit: Das innere Team der Ich-Zustände, in: Zeitschrift für Transaktionsanalyse, 20, 3, S. 234-238.

Mohr, G. (2006): Systemische Organisationsanalyse, Grundlagen und Dynamiken der Organisationsentwicklung, Bergisch-Gladbach: EHP.

Mohr, G. (2007): Systemdynamiken als anonyme Fehlerquellen, in: Organisationsberatung-Supervision-Coaching, 14, 3, S. 235-242.

Mohr, G. (2008): Coaching und Selbstcoaching mit Transaktionsanalyse, Bergisch-Gladbach: EHP.

Mohr, G. (2009b): Das Kunstwerk des Lebens (i. D.)

Napper, R. (2009): Positive psychology and transactional analysis, in: Transactional Analysis Journal, Vol. 39, 1, S. 61-74.

Napper, R. und Newton, T. (2000): Tactics, Ipswich: TA-Resources.

Novey, T.B. (2002): Measuring the effectiveness of transactional analysis: An international study. Transactional Analysis Journal, 32, S. 8-24.

Petersen, G. (1980): Transaktionsanalyse, in: Linster, H.W. & Wetzel, H.: Veränderung und Entwicklung der Person, Hamburg, 264-291.

Precht, R.D. (2007): Wer bin ich und wenn ja wie viele, München: Goldmann.

Preukschat, O. (2003): Warum gerade fünf?, Zeitschrift für Transaktionsanalyse, 1, S. 5-35.

Rauen, C. (2004) (Hg.): Coaching-Tools, Bonn: ManagerSeminare.

Rosenberg, M. (2002): Gewaltfreie Kommunikation, Paderborn: Junfermann.

Rüttinger, R. und Kruppa, R. (1988): Übungen zur Transaktionsanalyse, Hamburg: Windmühle.

Schiff, J. et al. (1975): Cathexis Reader, New York u.a.: Harper & Row.

Schmid, B. (1990): Professionelle Kompetenz für Transaktionsanalytiker – das Toblerone-Modell, in: Zeitschrift für Transaktionsanalyse.

Schmid, B. (1994): Wo ist der Wind, wenn er nicht weht?, Paderborn: Junfermann.

Schmid, B. (2003): Systemische Professionalität und Transaktionsanalyse. S. 108. Bergisch-Gladbach: EHP.

Schmid, B. (2004): Sinnstiftende Hintergrundbilder professioneller Szenen. In: Rauen, C. (Hg.): Coaching-Tools, Bonn: ManagerSeminare.

Schmid, B. (2004): Systemisches Coaching, Bergisch-Gladbach: EHP.
Schmid, B. & Jäger, K. (1986): Zwickmühlen. Oder Wege aus dem Dilemma-Zirkel, in: Zeitschrift für Transaktionsanalyse 3, 1, S. 5-16.
Schmid, B. und Hipp, J.(1999): Individuation und Persönlichkeit als Erzählung, in: Zeitschrift für systemische Therapie 1, S. 33-42.
Schmid, B. und Hipp, J. (2002): Perspektiven fraktaler Beratung, in: Lernende Organisation, Nr. 10.
Schmid, B. und Messmer, A. (2005): Systemische Personal-, Organisations- und Kulturentwicklung, Bergisch Gladbach: EHP.
Schmid, W. (2007): Mit sich selbst befreundet sein, Frankfurt: Suhrkamp.
Schmidt, G. (2005): Einführung in die hypnosystemische Therapie und Beratung, Heidelberg: Carl Auer.
Schmidt-Tanger, M. (1998): Veränderungscoaching, Paderborn: Junfermann.
Schneider, J. (2000): Supervidieren und beraten lernen, Paderborn: Junfermann.
Schneider, J. (1977) : Dreistufenmodell transaktionsanalytischer Beratung und Therapie von Bedürfnissen und Gefühlen, Zeitschrift für Transaktionsanalyse, Heft 1-2, 14. Jg.
Schneider, J. (2006): Das dynamische Handlungspentagon, Zeitschrift für Transaktionsanalyse, 1, S. 15-35.
Schreyögg, A. (1994): Supervision, Didaktik und Evaluation, Paderborn: Junfermann.
Schulz von Thun, F. (2001): Praxisberatung, Weinheim: Beltz.
Schulze, H.S. und Lohkamp, L. (2005): Kollegiale Beratung – problemorientierte Unterstützung von Führungskräften, Zeitschrift für Transaktionsanalyse, 4, S. 254-268.
Senge, P. (1994): Das Fieldbook der fünften Disziplin, Stuttgart: Klett-Cotta.
Shannon, C.E. (1948): A mathematical theory of communcation, in: Bell System Technical Journal 27 (July and October), S. 379-423, 623-656.
Simon, F.B. (2005): Radikale Marktwirtschaft, Heidelberg: Auer.
Simon, F.B. (2008): Einführung in die systemische Organisationstheorie, Heidelberg: Auer.
Sloterdijk, P. (2009): Du musst Dein Leben ändern, Frankfurt: Suhrkamp.
Steiner, C. (1974): Script people live, transactional analysis of life scripts, New York
Steinert, T. (2006): Structural organizational transactional consulting and advanced management, in: Mohr, G. und Steinert, T. (Hg.): Growth and Change for Organizations, Kulturpolitische Gesellschaft, S. 102-139.
Stierlin, H. (1992): Delegation und Familie. Frankfurt a.M.: Suhrkamp.
Stewart, I. and Joines, V. (1987): TA today. Nottingham: Russell Press Ltd.; dt. (1990): Die Transaktionsanalyse.
Temple, S. (2002): »Functional Fluency«, in: Zeitschrift für Transaktionsanalyse, 4, 19. Jg., S. 251-279.

Trenkle, B. (2003): Therapie optimal vorbereiten – Bühne bauen und die Technik des Ghostwriters, um Interventionen wirksamer zu gestalten, Vortrag beim Kongress »Ego State Therapy«, Milton Erikson Gesellschaft, Bad Orb, 20.-23.3., Mülheim: Auditorium Netzwerk.

Tudor, K. (2003): The neopsyche: the integrating adult ego state, in: Sills, C. & Hargarden, H.: Ego states, London; dt.: Die Neo-Psyche: der Integrierende Erwachsenen-Ich-Zustand, in: Zeitschrift für Transaktionsanalyse, 3/2005, S. 168-186.

Vogelauer, W. (2005): Methoden-Abc des Coaching, Neuwied: Luchterhand.

Watzlawik, P., Beavin, J.H. und Jackson, D.D. (1969): Menschliche Kommunikation, Bern u.a.: Huber.

Weiner, B. (1972): Theories of motivation. From mechanism to cognition. Chicago: Markham.

Günther Mohr

COACHING UND SELBSTCOACHING MIT TRANSAKTIONSANALYSE

Professionelle Beratung zu beruflicher und persönlicher Entwicklung

EHP-PRAXIS · ISBN 978-3-89797-079-3 · 215 Seiten; zahlr. Abb. u. Tab.;

Hier wird modernes Coaching vorgestellt und erschlossen: pluralistisch bedient es sich der Methoden aus sehr unterschiedlichen psychologischen, pädagogischen und verwandten fachlichen Disziplinen. Dennoch ist für das Coaching ein praktisches Basis- und Veränderungskonzept sinnvoll, das Persönlichkeit und persönliche Beziehungen zu anderen erfasst.

Ein Buch für alle, die sich für Coaching interessieren:

- Führungskräfte, in deren Umfeld Coaching eingesetzt wird,
- Coaches, die andere Methoden gelernt haben und mit TA ergänzen wollen,
- Menschen, die sich überlegen, ein Coaching zu machen.

Dieser Band ergänzt das *EHP-Handbuch Systemische Professionalität und Beratung* um eine praktische Einführung in ein integratives Coaching-Konzept und bietet mit seiner Orientierung an der beraterischen Praxis neben einer soliden Fundierung die Möglichkeit der direkten Umsetzung durch zahlreiche Fallbeispiele und Praxisanleitungen.

Bernd Schmid

SYSTEMISCHES COACHING

Konzepte und Vorgehensweisen in der Persönlichkeitsberatung

EHP-Handbuch Systemische Professionalität und Beratung · ISBN 978-3-89797-029-8
260 Seiten; zahlr. Abb.

Der zweite Band des Handbuchs stellt sämtliche Aspekte der Persönlichkeitsberatung aus systemischer Sicht dar und umfasst die theoretischen Grundlagen des Coaching wie ihre erfolgreiche praktische Umsetzung sowie die professionelle Ausbildung von Coaches.

Coaching und Persönlichkeitsberatung erfordern, vielfältige Gesichtspunkte unter einen Hut zu bringen. Statt fester Vorgehensweisen bietet dieser Band wesentliche Konzepte aus jahrzehntelanger Erfahrung, die helfen, Menschen in professionellen Entwicklungen und Organisationszusammenhängen zu unterstützen und dabei zu sich selbst finden zu lassen.

Aus dem Inhalt: Antreiberdynamiken, Ich-Du- und Ich-Es-Typen; Symbiotische Beziehungen; Zwickmühlen, Komplexität, Dilemma und Sinn; Kontrolldynamik; Traumarbeit; Geschlechtsidentität; Erfolgsfaktoren; Kontraktgestaltung; Coaching als Bewegung von Wirklichkeiten und Kulturen; Seelische Leitbilder in Coaching und OE; Entwicklung der Professionalität.

Edgar H. Schein

FÜHRUNG UND VERÄNDERUNGSMANAGEMENT

Mit einem Beitrag von Gerhard Fatzer:
Edgar H. Schein und die Organisationsentwicklung
Enthält eine Video-DVD mit einem Vortrag des Autors

EHP-ORGANISATION · ISBN 978-3-89797-056-4 · 112 Seiten; zahlr. Abb. und Tabelllen

Das neuste Buch von Ed Schein entwickelt vor dem Hintergrund seiner Theorien von Prozessberatung, Unternehmenskultur und den ›Karriereankern‹ ein neues Modell von Führung. Sein Bild von visionären Führungspersönlichkeiten, die eigene Unternehmenskulturen entwickeln, untersucht er nach den Kriterien von Transformation und Transition.

In welchem Verhältnis steht die Führungspersönlichkeit zur Veränderungsfähigkeit des Unternehmens? Wie lässt sich im Spannungsverhältnis von Führungspersönlichkeit und Unternehmenskultur eine Organisation adäquat verändern?

»Ein handliches Buch für alle Führungskräfte und Berater, die Veränderungsprozesse erfolgreich managen möchten.«
(Schweizer Fernsehen SF1, ECO-Buchtipp)

»Fakten ... hier bietet sie ein Klassiker der modernen Organisationspsychologie in didaktisch-spannender Form an, die auch für Nicht-Psychologen vielfältige Anregungen beinhaltet.«
(Engelbert Fuchtmann, in: Wirtschaftspsychologie aktuell)